Peter Kenzelmann

Kundenbindung

Wie man Kunden begeistern und
langfristig gewinnen kann

4. Auflage

W0038976

Bibliografische Information der Deutschen Nationalbibliothek
Die Deutsche Nationalbibliothek verzeichnet diese Publikation
in der Deutschen Nationalbibliografie; detaillierte bibliografische
Daten sind im Internet über http://dnb.d-nb.de abrufbar.

© Cornelsen Scriptor 2014   D C B A
Bibliographisches Institut GmbH
Mecklenburgische Straße 53, 14197 Berlin

Redaktion Dr. Hildegard Hogen, Julia Prus, Sophie Schwaiger
Herstellung Judith Diemer, Monique Markus
Umschlaggestaltung glas-ag, Seeheim-Jugenheim
Umschlagabbildung Horseshoe magnet: MilanB – Shutterstock.com
Satz Fotosatz Moers, Viersen
Druck und Bindung Beltz Bad Langensalza GmbH,
Am Fliegerhorst 8, 99947 Bad Langensalza
Printed in Germany

ISBN 978-3-411-87150-6

Vorwort

„Kunden sind wie kleine Hunde:
Erst will jeder sie haben – doch wenn sie erst da
sind, will keiner mit ihnen Gassi gehen."
(unbekannt)

Viele Geschäftsleute träumen vom Schlaraffenland für Unternehmen. Doch ganz ohne Zutun kommen und bleiben die wenigsten Kunden. Ideen sind gefragt. Kundenbindung ist solch eine Idee: ein Erfolgsrezept für Unternehmen. Dieses Buch stellt Ihnen kurz und bündig alle Informationen und Anregungen zur Verfügung, die Sie für ein grundlegendes Verständnis und eine erfolgreiche erste Umsetzung von Kundenbindungsmaßnahmen in Ihrem Unternehmen brauchen. Hier finden Sie Ideen, die Sie sofort in der Praxis anwenden können und die Ihnen einen erkennbaren Nutzen bieten.

Jedes Kapitel wird kurz theoretisch eingeführt; anschließend finden Sie sofort umsetzbare Anregungen rund um das Thema Kundenbindung, Kundenorientierung und Kundengewinnung. Nehmen Sie das Buch als anregende Sammlung für Ihre ganz persönliche Kundenbindungsstrategie! Kurz, knackig, kundenorientiert.

Ich wünsche Ihnen viel Erfolg bei der täglich neuen Herausforderung Kunden zu gewinnen, Kunden zu begeistern und Kunden langfristig an Ihr Unternehmen zu binden.

Berlin, Sommer 2013   *Peter Kenzelmann*

Inhalt

Einleitung 7

1 Gedanken über die Gesetze der Märkte 9

- Gedanken zum Markt 9
- Kaufphasen und Kundenbindung 15

Der Kunde steht im Mittelpunkt 18

- Gedanken zur Kundenbindung 20

Die fünf Schritte der Kundenbindung 36

Auf den Punkt gebracht 38

2 Kommunikation – Wie begegne ich meinem Kunden? 39

- Kommunikationsbereich Medien 39
- Kommunikationsbereich Telefon 48
- Face-to-Face-Kommunikation 51
- Kommunikationsbereich Öffentlichkeitsarbeit 62

Auf den Punkt gebracht 66

3   **Menschen verstehen –**
Kunden verstehen **67**

- Bieten Sie Problemlösungen und
  Kundennutzen 68
- Übertreffen Sie Kundenerwartungen
  und wecken Sie Begeisterung 73
- Akzeptieren Sie auch ein Nein
  des Kunden 76
- Begegnen Sie der Kaufreue Ihrer Kunden 78
- Achten Sie auf die Reaktanzfalle! 79
- Kundenwunsch: Variety Seeking 80
- Gehen Sie aktiv auf Ihre Kunden zu 82

Auf den Punkt gebracht **84**

4   **Kundenbindung hinter den**
Kulissen **85**

- Grundsätzliche Strategien 85
- Wie kundenfreundlich ist Ihr Unternehmen? 89
- Die richtigen Kunden richtig binden! 95

Pflegen Sie vor allem Ihre Stammkunden . **98**

- Servicequalität und Kundenzufriedenheit 104
- Lernen Sie Ihren Markt kennen 108
- Nutzen Sie Wechselbarrieren zur
  Kundenbindung 112
- Nutzen Sie Reklamationen als Chance .. 115
- Binden Sie Kunden durch Cross-Selling 116

Auf den Punkt gebracht **117**

5 **Kundenbindung hautnah:**
Umsetzung am Point of Sale **118**

- Die Stunde der Wahrheit 118
- Achten Sie darauf,
  dass sich Ihr Kunde wohlfühlt 119
- Tun Sie Gutes und reden Sie darüber 122
- Befragen Sie Ihre Kunden 123

Auf den Punkt gebracht **124**

Literaturverzeichnis 125
Stichwortverzeichnis 126

Einleitung

Die Einladung zum Schmökern

Natürlich könnten wir uns dem Thema „Kundenbindung" auch streng wissenschaftlich nähern: mit präzisen Definitionen, theoretischem Bezugsrahmen und systematischer Übersicht. Wir vermuten aber, dass Sie eher Informationen wünschen, die lesbar, praxisnah und umsetzbar sind, also ein Buch brauchen, das kurz, knapp und passend für Ihren unternehmerischen Alltag ist. In diesem Fall bietet es sich an, einerseits Ihre eigenen Erlebnisse anhand von Checklisten und Fragen zu reflektieren als auch andererseits unterschiedliche alternative Herangehensweisen kennen zu lernen. Lassen Sie sich anhand einiger Geschichten und Erlebnisse anregen, sich mit dem Thema zu befassen! Denn Kundenbindung ist alles andere als trocken.

Eigentlich wollte Frau Schmitz ihre Clubmitgliedschaft kündigen. Doch als sie erfährt, dass sie dann 15 Euro Kündigungsgebühr zahlen müsste, überlegt sie es sich anders: Lohnender ist es, vorerst Mitglied zu bleiben. Denn mit 10 Euro im Jahr ist die Mitgliedschaft doch recht günstig. Wechselbarrieren zu errichten gehört – neben der Steigerung der Kundenzufriedenheit – zur zweiten Grundstrategie der Kundenbindung. Mehr dazu in Kapitel 4.

Herr Stein ist Marketingleiter einer größeren Druckerei. Aus Erfahrung weiß er, dass ein guter Teil der Kunden nicht das erste Mal bestellt. Doch wie treu sind seine Kunden wirklich? Herr Stein möchte dies herausfinden. Wie, das erfahren Sie im ersten Kapitel, Abschnitt „Kundenloyalität".

Herr Boller ist begeistert. Seit letzter Woche ist er stolzer Besitzer einer vollautomatischen Kaffeemaschine. Schon im Ge-

schäft hatte er verschiedene Kaffeesorten zum Testen mitbekommen. Die persönliche Registrierung beim Kaffee-Club des Herstellers hatte die freundliche Verkäuferin gleich für ihn übernommen. Zwei Tage später dann der Anruf: Wie er denn zufrieden sei? Welche Kaffeesorte ihm besonders zusage? Und dann gleich am Telefon noch das Angebot, ihn passend nach seinen Trinkgewohnheiten zu beliefern. Ohne Aufpreis, ohne Mehrkosten. Einen so individuellen Service hatte er nun wirklich nicht erwartet. Mehr dazu in Kapitel 3, Abschnitt „Kundenerwartungen übertreffen".

Außendienstmitarbeiterin Petersen ist enttäuscht. Da hatte sie sich intensiv mit dem potenziellen Kunden auseinandergesetzt, Informationen recherchiert und ihr Angebot ganz speziell auf seinen Bedarf zugeschnitten. Und dann die Absage. Obwohl der Mitbewerber objektiv das schlechtere Angebot gemacht hatte. Und dennoch wurde er vorgezogen. Frau Petersen ahnt: Da waren wohl Beziehungen im Spiel, denn der Außendienstler des Mitbewerbers kennt offensichtlich „Gott und die Welt". Betreiben Sie Networking und Beziehungsmanagement! Mehr dazu in Kapitel 2.

Diese Geschichten sollen Ihnen Lust machen, im Buch zu schmökern. Das Thema „Kundenbindung" durchdringt jedes Unternehmen, jede Organisation vollständig. Daher brauchen Sie beim Lesen des Buchs nicht systematisch vorzugehen: Wo immer Sie beginnen, werden Sie auf Anknüpfungspunkte stoßen. Picken Sie sich also jene Themen und Tipps heraus, die Sie besonders interessieren, und beginnen Sie damit, diese Kapitel zu lesen, zu bearbeiten und umzusetzen.

Ein Tipp: Haken Sie die gelesenen Seiten ab; so behalten Sie den Überblick und können alle Kapitel angehen. Viel Spaß dabei!

1 Gedanken über die Gesetze der Märkte

Wer seine Märkte und seine Kunden nicht kennt, wird keinen Erfolg haben

Fußballer sind Praktiker, und das Spiel wird auf dem Feld entschieden. Dennoch hat jeder Trainer eine Tafel, auf der er Analysen, Strategien und Pläne mit der Mannschaft erarbeitet. Machen Sie sich mit den Grundlagen der Kundenbindung vertraut. Entdecken Sie immer mehr über den Markt, in dem Sie tätig sind, und lernen Sie einige der Gesetze kennen, die diesen Markt bestimmen.

Gedanken zum Markt

Vom Verkäufermarkt zum Beziehungsmarketing

Der Traum vom Schlaraffenland der Unternehmer ist für viele geplatzt. Die meisten Bedürfnisse sind befriedigt, und nahezu alle wichtigen Konsum- und Industriemärkte stagnieren. Wachstum? Das war einmal! Ein gutes Produkt, eine gute Idee oder eine gute Dienstleistung reichen für den unternehmerischen Erfolg allein nicht mehr aus.

> Sie brauchen Kunden, die Sie aus guten Gründen allen anderen Anbietern vorziehen und die bei Ihnen bleiben.

Die 1950er-Jahre waren noch vom Wirtschaftswunder geprägt. Der Engpass war die Produktion, der Absatz kein Problem, da die Nachfrage auf den meisten Märkten bei weitem das Angebot überstieg. Die Produkte standen ausnahmslos im Vordergrund.
Später, als klar wurde, dass aus dem ehemaligen Verkäufermarkt ein Käufermarkt entstanden war, reagierten viele Unternehmen darauf mit intensiver Werbung, aggressiver Preis-

politik und starkem Vertrieb. Ziel war, die Produkte oder Dienstleistungen „in den Markt zu drücken". Dass eine längerfristige Kundenbeziehung aufgebaut wurde, war die Ausnahme.

Ab den 70er-Jahren fand ein Umdenken in Richtung Marktorientierung statt. An erster Stelle stand jetzt die Frage, was sich verkaufen lässt. Entsprechend wurde produziert. Die Käufer wurden zu Zielgruppen, der Markt wurde in Segmente aufgeteilt, die Instrumente des Marketing-Mix wurden entwickelt. Standardisierung war das Schlagwort der Konkurrenzfähigkeit.

Erst im Verlauf späterer Jahrzehnte änderte sich auch das Selbstverständnis von Unternehmen. Der Kunde rückte immer mehr in den Mittelpunkt. Kundenorientierung wurde entdeckt. In den 90er-Jahren entstanden systematische Überlegungen zum professionellen Beziehungsmanagement, Stichwort: CRM (Customer Relationship Management). Ziel war es, die Kundenbeziehungen mit technischen Mitteln zu standardisieren.

Heute ist die Kundenorientierung nicht mehr nur auf eine Abteilung beschränkt, sondern wird zur Führungsphilosophie des gesamten Unternehmens. Die Entwicklung neuer Produkte richtet sich nach den Bedürfnissen potenzieller Kunden. Und diese sind im Idealfall schon da: als bestehende Kunden.

In den letzten Jahren ist ein deutlicher Trend in Richtung zunehmende Systematisierung, Individualisierung, Wirtschaftlichkeitsorientierung und IT-Anwendung zu beobachten.

> Kundenbindung ist immer Aufgabe des gesamten Unternehmens! Sie kann nicht von einer einzigen Abteilung umgesetzt werden, auch nicht, wenn diese spezialisiert ist.

Unternehmerisches Handeln steht heute unter Rahmenbedingungen, die sich in viererlei Hinsicht deutlich von denen vergangener Jahre unterscheiden.

- Intensivierung des Wettbewerbs bis zum Vernichtungswettbewerb mit Preis- und Mehrwertkriegen: Es gibt immer einen Wettbewerber, der den Preis unterbietet.
- Dynamischer Wandel: Neue Wachstumsmärkte entstehen, und traditionelle Märkte brechen zusammen:
  - Die Märkte werden immer komplexer und komplizierter.
  - Wachsende Internationalisierung des Wettbewerbs: In Sekunden können über das Internet die Konditionen von Wettbewerbern angefragt, verglichen und verhandelt werden.
  - Falsche Strategien, veraltete Produkte und verkrustete Organisationsstrukturen werden unmittelbar vom Markt korrigiert.
- Die Kunden werden immer kritischer und widersprüchlicher.
- Die Kunden klagen die gesellschaftliche Verantwortung der Unternehmen ein.

Folgende Trends machen Strategien zur Kundenorientierung zur Überlebensvoraussetzung für Unternehmen.

Kundenorientierung wird zur Überlebensvoraussetzung für Unternehmen

- Produkte und Dienstleistungen werden austauschbarer. Der Innovationsdruck nimmt ständig zu. Ein Innovationsvorsprung verschafft nur kurzfristig einen Wettbewerbsvorteil, da neue Verfahren, Produkte und Dienstleistungen immer schneller Nachahmer finden.
- Produktmengen und Produktvielfalt wachsen. Die Globalisierung ermöglicht das Umgehen von Lieferengpässen. Dass Kunden wochen- oder monatelang auf Produkte warten, ist allenfalls bei einigen wenigen Luxus- oder Monopolanbietern möglich.

- Die Macht der Kunden wächst. Auf dem Kundenmarkt findet eine immer stärkere Konzentration statt. Dies macht sich vor allem im B2B-Bereich bemerkbar. Aber auch bei Endkunden tritt beispielsweise durch Einkaufskooperationen im Internet eine Konzentration auf.

- Die Markttransparenz nimmt zu. Kunden sind besser informiert (durch Medien wie Internet etc.). Sowohl in Bezug auf die Preise als auch auf die Eigenschaften von Angeboten. Es ist für Unternehmen also schwierig, eine „Kosten-" oder „Produktführerschaft" zu realisieren.

- Preisdifferenzen nehmen ab. Im Zuge der Markttransparenz kommt fast jeder Kunde an den „besten" Preis. Der (niedrige) Preis allein ist kein Verkaufsargument mehr.

- Vielfach sind erst Folgegeschäfte wirklich lohnend. In vielen Branchen wird für die Kundengewinnung bedeutend mehr ausgegeben, als innerhalb eines kurzen Zeitraums an Ertrag erwirtschaftet wird. Ein Handy- oder Kreditkartenvertrag beispielsweise bringt erst im zweiten Jahr Gewinn.

Zusammengefasst lassen sich zwei Hauptprobleme identifizieren: gesättigte Märkte sowie Vergleichbarkeit und Austauschbarkeit von Angeboten.

Das kennzeichnet unsere Märkte: Kunden, die immer kritischer werden, Wettbewerb, der zunimmt, Märkte, die sich verschieben, Produkte, die kaum mehr einmalig sind.

Kundenbindung ist ein Thema

Heute gibt es kaum noch wirklich schlechte Produkte. Früher war eine hohe Lebensdauer der Gebrauchsgüter oder die hohe Herstellungsqualität der Konsumgüter für viele Kunden und Verkäufer ein Argument. Heute finden wir seltener noch einen Unterschied. Kaum ein Unternehmen, das es sich leisten kann, auf Qualitätsmanagement und Zertifizierung zu verzichten. Nicht die Qualität, sondern der Komfort oder der Service machen den Unterschied.

Besonders deutlich wird diese Tatsache, wenn identische Produkte unterschiedlich „verpackt" werden. Beispielsweise verkauft ein Internetprovider Internetpräsenzen ungefähr 60 Prozent teurer als sein Hauptkonkurrent. Viele Kunden nehmen an, Schnelligkeit und Erreichbarkeit der Server seien ausschlaggebend für den höheren Preis; sie erwarten eine höhere Geschwindigkeit. Tatsächlich befinden sich die Internetseiten unterschiedlicher Anbieter auf denselben Servern. Qualitätsunterschied: null! Einzig der 24-Stunden-Support und weitere Serviceleistungen rechtfertigen den höheren Preis.

> Je vergleichbarer die Produkte werden, desto wichtiger wird es, die Unterschiede zu verdeutlichen.

Und dies bedeutet: Steigerung des Werbedrucks, und damit verbunden auch höhere Ausgaben bei der Gewinnung von Neukunden. Genau dies wird von vielen Unternehmen praktiziert. Und genau hier setzt auch Kundenbindung an: an der Überlegung, wie die Kosten für Kundengewinnung im Rahmen gehalten werden können.

> Kundenbindung hat also das Ziel, Kosten zu sparen, indem Stammkunden gehalten werden.

Kundenbindung rechnet sich

Neukunden zu gewinnen kostet sehr viel mehr, als bestehende Kunden zu halten – fünfmal so viel! Der Schaden, der durch den Verlust eines Kunden entsteht, ist immens. Es lohnt sich also in Kundenbindung zu investieren.

Am teuersten, am unrentabelsten ist ein Kunde im ersten Jahr. Überlegen Sie, wie lange die Kundenbeziehung im Idealfall dauern kann, und rechnen Sie dann aus, welchen Wert sie darstellt. Langjährige Kundenbeziehungen lohnen sich, und deshalb lohnt es sich auch, in diese Beziehungen zu investieren.

Beispielsweise lassen sich mit Stammkunden Cross-Selling-Effekte realisieren:

Ein Versicherungsmakler verdient an Kunden, die mit seiner Autoversicherung zufrieden sind, Jahr für Jahr eine Provision. Zusätzlich macht er mehr Umsatz, da die zufriedenen Kunden auch wegen weiterer Versicherungen auf ihn zukommen.

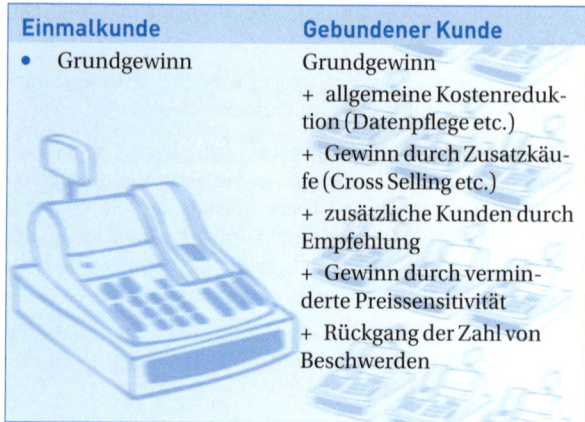

Einmalkunde	Gebundener Kunde
• Grundgewinn	Grundgewinn + allgemeine Kostenreduktion (Datenpflege etc.) + Gewinn durch Zusatzkäufe (Cross Selling etc.) + zusätzliche Kunden durch Empfehlung + Gewinn durch verminderte Preissensitivität + Rückgang der Zahl von Beschwerden

Je länger die Beziehung zu einem Kunden andauert, desto rentabler werden die Geschäfte mit ihm.

Kundenbindung ist notwendig

Unter dem Druck verschärften Wettbewerbs und den Bedingungen gesättigter Märkte und austauschbarer Produkte wird es schwieriger, Neukunden zu akquirieren (siehe Kapitel 4). Unternehmen, die heute im Markt bestehen möchten, kommen daher am Thema „Kundenbindung" nicht vorbei. Eine stärkere Bindung der Kunden lässt sich oftmals durch Kundenorientierung erreichen. Zahlreiche Untersuchungen belegen, dass erfolgreiche Unternehmen viel Marktnähe herstellen und sich stark an ihren Kunden orientieren.

> Wachstum ist wesentlich einfacher durch Kundenbindung als durch Neukundenakquise zu erreichen.

Nur so viel Kundenbindung wie nötig

Nicht alle Unternehmen haben Kundenbindung gleichermaßen nötig. Monopolisten und Unternehmen mit hohen Wechselbarrieren beispielsweise können das Thema gelassener angehen. Vielleicht erinnern Sie sich:
Über Jahre hinweg konnten Autofahrer die Hauptuntersuchung ihres Fahrzeugs nur beim TÜV machen lassen. Kundenorientierung war für den TÜV unnötig, da er keine Konkurrenz hatte. Seit jedoch auch andere die Hauptuntersuchung durchführen, muss auch der TÜV sich mit Kundenorientierung und Kundenbindung beschäftigen.
Monopolisten sollten also ihren Markt genau beobachten und Kundenbindung nicht völlig aus dem Blick verlieren: Der Wettbewerb kann schneller kommen als gedacht.

Kundenbindung ist ebenfalls unnötig, wenn der Umstieg auf einen anderen Anbieter zu teuer ist, also sehr hohe Wechselbarrieren vorhanden sind. Ein Vermieter hat es beispielsweise nicht nötig, kundenorientiert zu handeln, wenn ein Ladenmieter über Jahre hinweg die „Lage" aufgebaut hat und durch die Stammkunden in unmittelbarer Umgebung gebunden ist. Bei einem Umzug würde er diese Investition vernichten.

Kaufphasen und Kundenbindung

Kundenbindung bedeutet, Kunden zum Wiederkauf zu bewegen. Es ist also nicht die Sekunde, in der Ihr Kunde den Füllfederhalter zückt, um den Kaufvertrag zu unterschreiben, die zählt! Eine Kundenbeziehung beginnt auch nicht erst in dem Moment, in dem eine Bestellung ins Unternehmen flattert. Möglichkeiten zur Kundenbindung gibt es vielmehr vor, während und nach dem Kauf.

Vorkaufphase

Kunden, die das erste Mal mit Ihrem Unternehmen in Kontakt treten, sind vorsichtig, manchmal sogar misstrauisch (schon hier wird deutlich, welchen Vorteil es hat, bestehende Kunden an sich zu binden: Diese geben Ihrem Unternehmen einen Vertrauensvorschuss, sind also leichter für einen Wiederkauf zu gewinnen).

Kontaktphase

Egal ob Sie mit potenziellen Kunden durch Mailings, Telefonanrufe, Akquisebesuche oder Empfehlungen in Kontakt treten, diese Punkte sollten Sie beachten:

- Freundlichkeit
- Hilfsbereitschaft
- Schnelligkeit

Beispiel: Ein Hotel bewirbt Seminarräume per Direkt-Mailing.

Freundlichkeit: Wird der potenzielle Kunde mit Namen angesprochen, oder ist nur die Rede von *Sehr geehrte Damen und Herren ... ?* Werden positive Worte im Brief verwendet?

Hilfsbereitschaft: Kann der umworbene Kunde die Seminarräume auch zu ungewöhnlichen Zeiten besichtigen? Wird auf Wunsch auch ein Grundriss mit Höhenangaben und Steckdosenplan zugefaxt?

Schnelligkeit: Wie schnell wird jemand zurückgerufen, der sich mit der beigelegten Antwortkarte interessiert zeigt?

Evaluationsphase

Kunden informieren sich im Vorfeld über die Möglichkeiten, die Sie ihnen bieten. Entscheidend ist hier nicht, was das Produkt kann oder woraus die Dienstleistung besteht, sondern was dies dem Kunden nützt. Weisen Sie diesen Nutzen ganz konkret aus (siehe auch Kapitel 3).

Kaufphase

In manchen Unternehmen gibt es keine Verkäufer, sondern nur Berater. Denken Sie daran: Ein Kunde möchte nicht nur Erklärungen hören, sondern er erwartet auch, dass Sie ihm etwas verkaufen! Nehmen Sie Ihren Kunden an die Hand! Viele Kunden empfinden beim Kauf ein Glücksgefühl, das nach kurzer Zeit in Kaufreue umschlagen kann. Bieten Sie Ihrem Kunden hier die Sicherheit, die er braucht. Bestätigen Sie seine Kaufentscheidung und verhindern Sie so seine Kaufreue (siehe auch Kapitel 3).

Nachkauf- und Nutzungsphase

Der Kunde nutzt Ihr Produkt oder Ihre Dienstleistung. Wie zufrieden ist er? Finden Sie es heraus. Kundenbefragungen sind ein geeignetes Instrument. Sie bieten Ihnen einen doppelten Nutzen: Einerseits erfahren Sie, was Ihre Kunden wünschen und wie zufrieden sie mit Ihrem Produkt oder Ihrer Dienstleistung sind. Andererseits halten Sie Kontakt und bereiten so den Weg für einen Wiederkauf.

Wiederkaufphase

Der Wiederkauf ist das Ziel jeglicher Kundenbindung. Wenn der Kunde wiederkommt, beginnt der Kaufzyklus von neuem. Allerdings haben Sie es dann bedeutend einfacher, mit dem Kunden in Kontakt zu treten, denn schließlich kennen sie sich ja schon ...

Achten Sie daher darauf, dass Sie sich bei Ihren Marketingüberlegungen nicht nur auf bestimmte Phasen beziehen und andere vernachlässigen.

Der Kunde steht im Mittelpunkt

Geschäfte kommen zwischen Menschen zustande, nicht zwischen Unternehmen

Der Kunde, die Mitarbeiter, die Gesellschaft. In dieser Reihenfolge.

Heinz Gregor Johnen

Die besten Ideen kommen mir, wenn ich mir vorstelle, ich bin mein eigener Kunde.

Charles Lazarus

Die Welt ist voll von habgierigen, selbstsüchtigen Menschen. Deshalb haben die wenigen, die selbstlos versuchen, anderen zu dienen, einen ungeheuren Vorteil: Sie stehen praktisch konkurrenzlos da.

Dale Carnegie

Es reicht nicht, wenn unsere Manager großartige Wirtschaftsfachleute oder auch tolle Techniker sind, wenn sie den Menschen, also ihren Kunden, längst aus dem Auge verloren haben.

Daniel Goeudevert

Ich wünsche den Menschen die Gabe, sich mit den Augen der anderen zu sehen.

Robert Burns

Im Gegensatz zur Auffassung vieler Firmenchefs muss sich nicht etwa der Kunde dem Unternehmen anpassen, sondern umgekehrt das Unternehmen dem Kunden.

Jacques Horovitz

Wenn ich meine Kunden alle vier Wochen spreche, läuft das Geschäft gut. Sehe ich sie nur alle vier Monate, ist das schon bedenklich. Vergehen 14 Monate, bin ich sie womöglich los.

unbekannt

Wir sind schon ein merkwürdiges Volk, wenn wir mit Freude Maschinen bedienen, aber jedes Lächeln gefriert, wenn es sich um die Bedienung von Menschen handelt.

Roman Herzog

Jedes Geschäft ist eine Verabredung mit der Zukunft.

Oliver W. Schwarzmann

Es genügt nicht zur Sache zu reden, man muss zu den Menschen reden.

Stanislaw Jerzy Lec

Gedanken zur Kundenbindung

Versuch einer Definition

Der Begriff Kundenbindung ist zwar in aller Munde, jedoch liegen kaum fest umrissene Definitionen vor, die eine Orientierung und vor allem eine praktische Umsetzung erleichtern.

Kundenbindung kann aus zwei Blickwinkeln betrachtet werden: als

- gezielte Aktivität eines Anbieters, Kunden an das Unternehmen zu binden, und
- Bereitschaft des Kunden, bei einem bestimmten Anbieter Folgekäufe zu tätigen.

Im ersten Fall umfasst Kundenbindung *sämtliche Maßnahmen eines Unternehmens, die darauf abzielen, sowohl die bisherigen Verhaltensweisen als auch die zukünftigen Verhaltensabsichten eines Kunden gegenüber einem Anbieter oder dessen Leistungen positiv zu gestalten, um die Beziehung zu diesem Kunden für die Zukunft zu stabilisieren beziehungsweise auszuweiten.* (Meyer/Oevermann, 1995; zit. nach Bruhn/Hamburg, 1999, S. 8)

Im zweiten Fall ist die Loyalität oder Treue des Kunden gegenüber dem Unternehmen gemeint, die dazu führt, dass er dessen Angebote den Angeboten anderer Unternehmen vorzieht. Maßgebend ist hier die Dauer der Bindung.

Woraus setzt sich der Begriff „Kundenbindung" zusammen? „Kunde" und „Bindung"! Ein Kunde ist also ein Nachfrager, der von einem bestimmten Anbieter bereits mindestens einmal eine Leistung bezogen hat, und zwar unabhängig davon, ob als Endverbraucher oder nicht.

Kunden haben grundsätzlich schon gekauft. Kundenbindung beschäftigt sich also damit, sicherzustellen, dass der Kunde auch in Zukunft kauft. Alle Methoden der Kundenbindung verfolgen das Ziel, den Kunden an das Unternehmen zu binden. Und zwar dauerhaft.

Dimensionen der Kundenbindung und -orientierung

Im Wesentlichen lassen sich drei Dimensionen der Kundenorientierung unterscheiden:

Informationsorientierte Dimension

Kundenorientierung wird hier an der Menge der Information festgemacht, die unternehmensweit über die Kunden erfasst und den Mitarbeitern in unterschiedlichen Abteilungen zugänglich ist.

Die Erfassung von Kundeninformationen setzt Marktforschungen wie Zufriedenheits- und Kundenbindungsstudien voraus. Die Nutzung der Informationen durch Mitarbeiter setzt zentrale Datenbanken und/oder CRM-Systeme voraus (siehe auch Kapitel 4, Abschnitt „Die richtigen Kunden binden").

Was wissen Sie über Ihre Kunden? Welche Informationen halten Sie fest? Gibt es bei Ihnen eine zentrale Datenbank, auf die Mitarbeiter Zugriff haben, oder sind die Informationen unzugänglich in Ordnern oder auf Karteikärtchen notiert?

Stufe 1: Kundeninformationen gewinnen

Welche Grundbedürfnisse und Grundwerte hat mein Kunde, und wie kann ich ihnen durch meine Produkte oder Dienstleistungen entsprechen? Hier sollten auch zukünftige Bedürfnisse berücksichtigt werden. Welche Instrumente der Informationsgewinnung nutzen Sie jetzt schon?

Stufe 2: Kundeninformationen verbreiten

Wie schaffe ich es, das gesamte Unternehmen darauf vorzubereiten, die Kundeninformationen in Handlungsanweisungen zu übersetzen? Ziel ist, sie im ganzen Unternehmen zu verbreiten. Im Idealfall sollte jeder Mitarbeiter sich sowohl direkt über jeden einzelnen Kunden informieren als auch allgemeine Kundeninformationen recherchieren können.

Stufe 3: Änderungen implementieren

Wie können die aus den Kundeninformationen gewonnenen Erkenntnisse im Unternehmen umgesetzt werden? Wenn also festgestellt wird, dass eine Mehrzahl der Kunden ein bestimmtes Zusatzmodul erwerben würde, sollten Marketing, Produktion und Vertrieb Hand in Hand arbeiten, um eine Lösung zu finden, die der Kunde auch bezahlen kann und (hoffentlich auch) wird. Ziel ist es, die Kunden mit verbesserten Produkten und Dienstleistungen zu versorgen.

Kulturorientierte Interpretation

Kundenorientierung hat etwas mit Unternehmenskultur zu tun: mit den Normen, Überzeugungen und Werten eines Unternehmens und der Art, wie sie gelebt werden. Eine kundenorientierte Unternehmenskultur wirkt sich auch auf den Umgang von Mitarbeitern mit Kunden aus. Maßnahmen zur Verbesserung der Unternehmenskultur sind Workshops, Seminare und Trainings.

Welche Maßnahmen haben Sie getroffen, um Unternehmenskultur in Ihrem Unternehmen „erlebbar" zu machen?

Leistungs- und interaktionsorientierte Interpretation

Bei der leistungs- und interaktionsorientierten Interpretation wird Kundenorientierung aus Kundensicht definiert. Der oft synonym gebrauchte Ausdruck „Kundennähe" macht dies deutlich. Kundenorientierung bezieht sich hier auf das Leistungsangebot, also die Produkt- und Servicequalität, und auf das Interaktionsverhalten zwischen Anbieter und Kunde.

Kundennähe des Leistungsangebots

- Wie hoch ist meine Produktqualität?
- Wie hoch ist meine Dienstleistungsqualität?
- Sind die kundenbezogenen Prozesse von hoher Qualität?
- Zeigt mein Unternehmen Flexibilität bei der Leistungserbringung?
- Sind die Verkäufer hoch qualifiziert?

Kundennähe des Kontaktverhaltens

- Bietet der Verkäufer eine gute Beratung?
- Ist das Unternehmen offen gegenüber Anregungen von Kunden?
- Werden Informationen gegenüber Kunden offengelegt?
- Wie begegnen die nicht mit Verkaufsaufgaben betrauten Mitarbeiter dem Kunden?

Grundlegende Aspekte der Kundenbindung

Versteht man Kundenbindung als gezielte Aktivität des Anbieters, den Kunden an das Unternehmen zu binden, ist es notwendig, sich über folgende grundlegende Aspekte Klarheit zu verschaffen.

Was genau ist das Bezugsobjekt der Kundenbindung?

Was bedeutet es konkret, wenn Stammkunden zu ihrem Unternehmen eine Beziehung haben? An wen oder was sind sie gebunden? Kundenloyalität kann sich auf ganz verschiedene Bezugsobjekte beziehen.

Unternehmen

Kundenbindung kann sich auf ein ganz bestimmtes Unternehmen richten. So kauft ein Kunde nur in einem bestimmten Lebensmittelgeschäft, weil es direkt um die Ecke ist, und erwirbt seine Autos nur bei einem bestimmten Autohändler, weil dort einmal eine Reklamation zu seiner vollsten Zufriedenheit geregelt wurde.

Produkt

Kundenbindung kann sich auf ganz bestimmte Produkte beziehen. Ein Familienvater mit zwei Kindern fährt in der Regel einen Kombi und keinen Sportwagen. Ein Kunde wohnt in Designermöbeln und bevorzugt stilles Mineralwasser, während es einem anderen gar nicht genug sprudeln kann und er Wert auf stilvolle Garderobe legt.

Marke oder Hersteller

Kundenbindung kann sich auf ganz bestimmte Marken oder Hersteller beziehen. Beispielsweise auf eine Automarke, eine Biermarke oder eine Textilmarke. So sagen dann Kunden: Ich bin BMW-Fahrer oder ich bin überzeugter Ford-Fahrer. Andere schwören auf Fürstenberg-Biere und naschen nur Ritter-Sport-Schokolade.

Bezugsperson

Viertens kann sich Kundenbindung auf eine Bezugsperson wie einen bestimmten Verkäufer, Außendienstmitarbeiter oder Versicherungsmakler richten.

Friseurmeisterin Monika Rupp weiß genau: Nicht alle Stammkunden sind an ihr Unternehmen gebunden, manche haben eine Beziehung zu einem Mitarbeiter. Wenn dieser die Stelle wechselt, kann es sein, dass ein Teil der Kunden mitgeht.

> Kundenbindung kann sich nicht nur auf das Unternehmen, sondern auch auf Marken, ein bestimmtes Produkt oder eine bestimmte Person beziehen.

Besonders wichtig ist es, sich das Bezugsobjekt der Kundenbindung bewusst zu machen, wenn Veränderungen anstehen. Wenn Mitarbeiter kündigen, wenn neue Lieferanten eingesetzt werden, wenn eine Marke aus dem Programm genommen wird, wenn das Unternehmen fusioniert. Oft genug bricht hier ein Teil der Stammkunden weg.

Wem halten Ihre Kunden die Treue? Dem zuvorkommenden Verkäufer? Ihren Marken oder Produkten? Ihrem Unternehmen als Organisation?

Welche Kunden sollen gebunden werden?

Machen Sie sich bewusst, dass es sich nicht lohnt, alle Kunden gleichermaßen zu binden. Kundenbindungsaktivitäten sollten Sie nicht mit dem Gießkannenprinzip, sondern ganz gezielt angehen (siehe auch Kapitel 4, Abschnitt „Die richtigen Kunden binden"). Es wäre verfehlt, auf einen Einmalkäufer die gleiche Mühe zu verwenden wie auf einen potenziellen Stammkunden.

Ordnen Sie Ihre Kunden in ein Kundenportfolio ein (Laufkunden, Fragezeichenkunden, Selektionskunden, Stammkunden, Ertragskunden, Starkunden etc.), um Ihre Aktivitäten angemessen zu dosieren. Maßgebend sind hier nicht nur Auftragshöhe und Auftragshäufigkeit, sondern auch das Kaufpotenzial.

Wie sollen die Kunden gebunden werden?

Eine Kundenbindung lässt sich grundsätzlich auf vier verschiedene Arten herstellen.

Emotionale Kundenbindung

Eine emotionale Bindung ist die sicherste Möglichkeit, Kunden dauerhaft zu halten. Je stärker die Emotionen sind, die Kunden mit einem Unternehmen verbinden, desto unempfindlicher werden sie gegenüber Wechselanreizen sein.

Besonders dialogorientierte Kommunikationsinstrumente wie Kundenclubs, Events oder interaktive Internetauftritte sind geeignet, Kunden persönlich einzubinden und entsprechende Emotionen hervorzurufen.

> Emotionale Kundenbindung ist die wichtigste und sicherste Methode, Kunden an ein Unternehmen zu binden.

Ökonomische Kundenbindung

Eine ökonomische Kundenbindung besteht dann, wenn für den Kunden ein Wechsel der Geschäftsbeziehung ökonomisch unattraktiv ist (siehe Kapitel 4).

Ein günstiger Preis allein reicht allerdings für eine dauerhafte Kundenbindung nicht aus.

> Ein Kunde, der nur des günstigen Preises wegen bei Ihnen kauft, wird Sie sofort verlassen, wenn er anderswo günstiger kaufen kann.

Vertragliche Kundenbindung

Eine vertragliche Kundenbindung beruht auf rechtlich zwingenden Vereinbarungen. Das können Serviceverträge, Mitgliedsverträge, Abnahmevereinbarungen etc. sein.

Technisch-funktionale Kundenbindung

Eine technisch-funktionale Kundenbindung zwingt Kunden, Zusatzleistungen beim selben Unternehmen in Anspruch zu nehmen, das auch für die Kernleistung verantwortlich war. Beispiele sind Autos, deren Elektronik nur durch Spezialwerkstätten überprüft werden kann, oder Kaffeemaschinen, die sich nur mit Spezialwerkzeug reparieren lassen.

Womit binde ich den Kunden (Kundenbindungsinstrumente)?

Kundenbindung kann über sämtliche Bereiche des Marketings betrieben werden.

Kundenbindung im Rahmen der Produktpolitik

Wie lassen sich Produkte, das Leistungsprogramm, der Service in Bezug auf Kundenorientierung verbessern? Kundenbindungsmaßnahmen sind beispielsweise individualisierte Produktangebote, besonders hohe Qualitätsstandards oder Produktentwicklungen, die Kunden mit einbeziehen.

Kundenbindung im Rahmen der Preispolitik

Durch preispolitische Maßnahmen können einerseits für den Kunden Anreize geschaffen werden, die Geschäftsbeziehung aufrechtzuerhalten, und andererseits Wechselbarrieren errichtet werden, die dem Kunden einen Anbieterwechsel erschweren. Vor allem folgende Maßnahmen werden im Rahmen der Preispolitik ergriffen:

- Rabatt- und Bonussysteme (z. B. Bonusmeilen im Rahmen von Vielfliegerprogrammen),
- finanzielle Anreize wie Rückvergütungen etc.,
- Preisdifferenzierungsstrategien wie Mengenstaffeln etc.

Kundenbindung im Rahmen der Kommunikationspolitik

Im Kundenbindungsmanagement erfüllt die Kommunikationspolitik vor allem das Ziel, in einen Dialog mit dem Kunden zu treten. So lassen sich Kundenwünsche ermitteln und Kunden emotional einbinden.

Dialogorientierte Kommunikationsinstrumente

Dialogorientierte Kommunikationsinstrumente sind besonders geeignet, Kunden emotional einzubinden.

- Direkt-Mailings weisen auf aktuelle Angebote und Ereignisse hin.
- Kundenzeitschriften berichten von Erfahrungen anderer Kunden und schaffen so ein Gemeinschaftsgefühl.
- Kundenkarten vermitteln das Gefühl der Exklusivität.
- Kundenclubs versprechen Sonderkonditionen und attraktive Angebote.
- Telefonumfragen bringen wichtige Informationen und signalisieren Interesse am Kunden.
- Interaktive Internetseiten ermöglichen aktuelle Information und unmittelbaren Austausch.
- Virtuelle Gemeinschaften im Internet (Communities) können zeit- und ortsunabhängig unbegrenzt vielen Kunden ein Wir-Gefühl vermitteln.
- Periodisch erscheinende Newsletter versorgen Kunden kostengünstig mit aktuellen Informationen.
- Kundenfeste und Events können hautnah Stimmungen und Emotionen vermitteln.

Überlegen Sie, durch welches dieser Instrumente Sie zu Ihren Kunden eine emotionale Brücke schlagen können.

Kundenbindung durch Vertriebspolitik

Kunden können (und sollten) über besonders einfache Bestell- und Liefermöglichkeiten gebunden werden.

Wann und wie intensiv soll Kundenbindung betrieben werden?

Machen Sie sich Gedanken darüber, wann und wie intensiv Sie Ihren Kunden ansprechen möchten. Denn schließlich möchten Sie ihn weder überfrachten noch vernachlässigen. Kunden, die ständig mit Telefonaten oder anderen Kundenbindungsmaßnahmen „bombardiert" werden, können verärgert werden. Kunden, die lange nicht kontaktiert werden, können sich schon anderweitig umgesehen haben.

Welche Kooperationen sind sinnvoll?

Prüfen Sie, ob Sie die Ziele, die Sie mit Ihrer Kundenbindungsmaßnahme erreichen möchten, auch einfacher durch Kooperation mit anderen Unternehmen erreichen können. Stellen Sie fest, mit welchen Unternehmen Sie prinzipiell eine Kooperation eingehen können und bei welchen Unternehmen sich eine Zusammenarbeit auch für Sie lohnt.

Kundenloyalität – Weshalb kommen Kunden wieder?

Dass Kunden überhaupt wiederkommen, kann ganz unterschiedliche Ursachen haben. Nicht immer ist es vom Kunden geplant und berechnet, oftmals spielen auch Gewohnheit oder Zufall eine Rolle. Da wird beispielsweise aus Gewohnheit beim selben Lieferanten eine Papierbestellung aufgegeben oder aus Gewohnheit die Zeitung am Bahnhof gekauft.

Ein planvolles Handeln in Bezug auf Kundenloyalität kann zwei verschiedene Gründe haben: Entweder überwiegt der erwartete Nutzen eines Wiederkaufs oder es werden Wechselbarrieren wahrgenommen.

Kundenloyalität misst, wie viel Prozent der Kunden innerhalb einer definierten Periode wiederkommen. Je höher die Kundenloyalität, desto profitabler für das Unternehmen.
Die Loyalitätsrate zeigt an, wie viele Kunden aus der letzten Periode auch in der aktuellen Periode wieder gekauft haben. Diese Perioden können ganz unterschiedlich lang definiert werden: Bei Call-by-Call-Anbietern kann sie wenige Stunden betragen, bei Autohäusern mehrere Jahre.
Kundenbindung bedeutet, loyale Kunden zu halten: Kunden, die zum Unternehmen stehen, und Kunden, die gern wieder kommen.

> Zufriedene Kunden sind loyale Kunden. Und loyale Kunden kommen wieder.

Außer durch Kundenbindungsaktionen halten Sie zufriedene Kunden vor allem mit einer serviceorientierten Unternehmenskultur. Kundenorientierung sollte daher fest in der Unternehmenskultur verankert sein, damit alle Mitarbeiter entsprechend handeln.

In den letzten Jahren ist eine sinkende Loyalität der Verbraucher zu beobachten. Folgende Gründe werden dafür verantwortlich gemacht:

- Steigende Mobilität (Vergrößerung des Einkaufsgebiets)
- Zunehmende Markttransparenz durch Medien (Verbraucher ist aufgeklärter)
- Abnehmender Zeitdruck durch flexible Arbeitszeiten und zunehmende Freizeit (Kunde kann Angebote eingehender miteinander vergleichen)
- Zunehmende Kritikbereitschaft der Verbraucher
- Schnäppchenjagd als Freizeitbeschäftigung („Smart Shopper")

Erfolgsfaktor Kundenzufriedenheit

Kundenzufriedenheit ist das Ergebnis eines Vergleichs zwischen den Erwartungen (Soll-Leistung = subjektive Erwartungen, Bedürfnisse, Ansprüche, Ziele) und den tatsächlich erhaltenen Leistungen (Ist-Leistung = tatsächlich erlebte Motivbefriedigung oder erreichte Bedürfnisbefriedigung).
Ziel jeder Aktivität zur Kundenorientierung ist die Steigerung der Kundenzufriedenheit. Im Klartext: Kundenorientierung ist erst dann gelebt, wenn Ihre Kunden mehr als 100-prozentig zufrieden sind. Vor allem natürlich Ihre Stammkunden.

Die Erwartungen werden durch folgende Faktoren beeinflusst:
- Persönliche Empfehlungen (z. B. schwärmt ein guter Freund von einem ganz bestimmten Anbieter)
- Persönliche Bedürfnisse
- Erfahrungen (wir alle haben Erfahrungen gesammelt und wissen grob, womit wir zu rechnen haben)
- Leistungsversprechen der Unternehmen
- Wissen um Alternativangebote (beispielsweise haben Kunden schon Angebote von Mitbewerbern vorliegen)
- Individuelles Anspruchsniveau

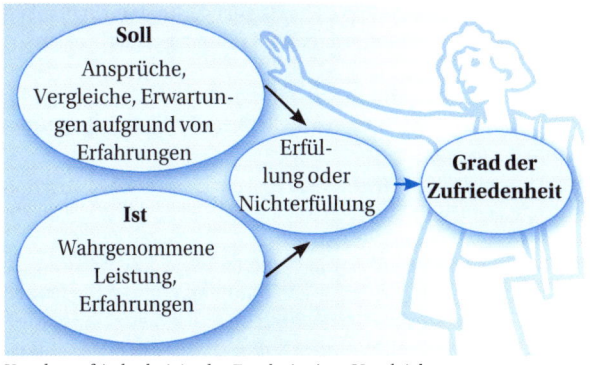

Kundenzufriedenheit ist das Ergebnis eines Vergleichs

Die tatsächlich erbrachten Leistungen werden durch folgende Faktoren beeinflusst:

- Subjektive Wahrnehmung
- Kompetenz des Unternehmens, der Servicemitarbeiter
- Qualität der Leistung
- Preis der Leistung
- Sicherheit der Leistungserbringung
- Entgegenkommen und Kulanz
- Erreichbarkeit

Es gibt sehr viele Aspekte, die Kunden in ihr Urteil einbeziehen. Ziel ist es, alle Aspekte mindestens zu erfüllen, wenn nicht sogar zu übertreffen; sonst kann es zu Unzufriedenheit kommen. Wie finden Sie heraus, wie zufrieden Kunden wirklich sind? Fragen, fragen, fragen! Telefonisch, persönlich oder schriftlich. Zwei Möglichkeiten, um Kundenzufriedenheit zu messen:

- subjektive Messverfahren durch Informationen über den Kontakt zum Kunden (im Geschäftskontakt mit Kunden reden, Befragungen durchführen, Beschwerden erfassen),

- objektive Messverfahren durch Auswertung von Statistiken (Umsatz, Wiederkaufrate, Neukunden, Loyalitätsraten).

Steigerung der Kundenzufriedenheit

Grundsätzlich gibt es zwei Möglichkeiten, die Kundenzufriedenheit zu steigern:
- Die Leistung steigern.
- Die Erwartungen dämpfen.

Beide Strategien sind Erfolg versprechend und werden im Alltag angewandt. Erwartungen dämpfen können Sie jedoch nur, wenn Sie eine starke Position im Markt haben oder Meinungen (siehe Kapitel 2) und somit direkt die Erwartungen der Kunden beeinflussen können.

Wecken Sie weder zu hohe noch zu niedrige Erwartungen beim Kunden.

Werden die Erwartungen zu hoch geschraubt und nicht erfüllt, kann dies leicht zu Unzufriedenheit führen. Achten Sie also darauf, nur das zu versprechen, was Sie auch halten können.
Werden die Erwartungen dagegen zu niedrig angesetzt, kann es sein, dass dem Unternehmen die Kunden ausbleiben. Achten Sie also auch darauf, dass Ihre Kunden auch bestimmte „Mindesterwartungen" haben dürfen.

Einige Beispiele für zu hoch geschraubte Erwartungen:
- Ein Büroartikelversender bietet Erreichbarkeit rund um die Uhr. Dass allerdings nach 20 Uhr nur noch ein Anrufbeantworter zu hören ist, ärgert viele Kunden.
- Ein Textilgeschäft verspricht: *Kleidung können Sie mit Kassenbon innerhalb zwei Wochen ohne Begründung zurückgeben.* Dass kein Bargeld ausgezahlt, sondern ein Warengutschein ausgehändigt wird, verstimmt viele Kunden.
- Ein Autohändler lobt das Samstagmorgenbuffet in seinem Autohaus. Dass dann allerdings nur Kaffee und trockene Brezeln gereicht werden, enttäuscht viele Besucher.

Eine besonders hohe Kundenzufriedenheit entsteht, wenn Erwartungen nicht nur erfüllt, sondern sogar übertroffen werden.

Erwartungslücken als Unzufriedenheitsfalle

Unzufriedenheit Ihrer Kunden entsteht durch nicht erfüllte Erwartungen. Eine Lücke zwischen den Erwartungen und ihrer Erfüllung kann an vier Stellen auftreten:

Lücke 1: Der Kunde hat andere Erwartungen als angenommen.

Oft genug werden Erwartungen einfach unterstellt, statt dass konkret danach gefragt würde. Ermitteln Sie in Gesprächen mit Ihren Kunden deren Erwartungen und überlegen Sie, ob Sie diese erfüllen können.

Lücke 2: Die Kundenerwartungen sind zwar bekannt, aber im Unternehmen herrschen unpassende Standards.

Interne Prozessabläufe und Standards sind kein Selbstzweck. Überlegen Sie, ob Sie Ihre Standards so anpassen können, dass sie zu den Kundenerwartungen passen.

Lücke 3: Leistungsnormen werden nicht erreicht.

Sie können nicht dauerhaft fehlerfrei produzieren. Umso wichtiger ist es, mit Kundenreklamationen adäquat umzugehen. Ein unzufriedener Kunde ist ein kostenloser Qualitätsbeauftragter für Ihr Unternehmen. Bessern Sie nach!

Lücke 4: Die Leistung ist fehlerfrei, entspricht aber nicht den Erwartungen des Kunden.

Wecken Sie keine falschen Erwartungen oder Erwartungen, die Sie nicht sicher erfüllen können.

Ein bekanntes Einrichtungshaus bietet Kerzenständer an. Frau Schmidt ist begeistert. Direkt packt sie zwei in ihren Einkaufswagen. An der Kasse dann die Enttäuschung: Es gibt sie nur im Viererpack. Die Kassiererin kann keine Ausnahme ma-

chen, weil es die Technik der Kasse nicht erlaubt. Frau Schmidt ist unzufrieden.

Die Indifferenzfalle der Kundenzufriedenheit!
Wenn zufriedene Kunden eine hohe Kundenbindung haben, dann sollten noch zufriedenere Kunden eine noch höhere haben. Dies ist grundsätzlich richtig, jedoch ist der Zusammenhang zwischen Kundenzufriedenheit und Kundenbindung nicht linear.

Insbesondere ist ein Bereich zu beobachten, bei dem zwar die Kundenzufriedenheit zunimmt, die Kundenbindung jedoch noch nicht steigt. Wenn ein solches Plateau erreicht ist, stellt sich die Frage, ob sich weitere Bemühungen um die Steigerung von Kundenzufriedenheit lohnen.

Hohe Kundenzufriedenheit muss nicht notwendig immer auch starke Kundenbindung nach sich ziehen.

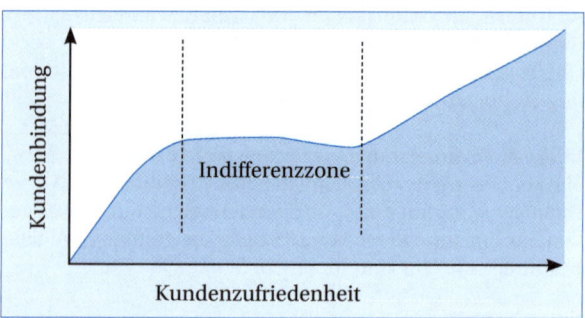

Der Zusammenhang zwischen Kundenzufriedenheit und Kundenbindung ist nicht linear.

Überdenken Sie Ihren Kundenbegriff

Eine einfache Definition von Kunden kann sein: *Kunden sind Personen, die Ihre Produkte oder Dienstleistungen kaufen und direkt bezahlen ...*
Fassen Sie Ihren Kundenbegriff noch weiter. Grundsätzlich können Sie drei verschiedene Bereiche unterscheiden:

Externe Kunden

Als externe Kunden werden alle Personen bezeichnet, die Ihre Dienstleistungen in Anspruch nehmen oder Ihre Produkte kaufen. Dass diese Kunden im Mittelpunkt eines jeden Handelns stehen sollten, ist meist unstrittig.

Interne Kunden

Alle Mitarbeiter Ihres Unternehmens, an die Sie Arbeit übertragen oder denen Sie Informationen geben, sind Ihre internen Kunden. Diese erhalten etwas, das sie benötigen. Die Schwierigkeit besteht darin, die Arbeitsbeziehungen zwischen einzelnen Abteilungen zu optimieren, denn dies wird oftmals durch Rivalitäten oder Abteilungsdenken behindert. Interne Kundenbeziehungen sind wechselseitig. So ist einerseits für Sie als Chef ein Mitarbeiter Ihr interner Kunde. Er erwartet von Ihnen klare Anweisungen und wünscht sich ein offenes Ohr bei Problemen. Andererseits sind Sie als Chef ebenfalls interner Kunde des Mitarbeiters. Sie möchten schnelle Rückmeldung über den Stand der Arbeiten. Sie haben bestimmte Anforderungen an Zeit und Qualität der Arbeit. Ihr Mitarbeiter „verkauft" Ihnen auch die Kosten z. B. bei einer Gehaltserhöhung.

Andere Interessengruppen

Interessengruppen können als Meinungsbildner das Bild vom Unternehmen positiv oder negativ beeinflussen. Dies können Lieferanten, Familienangehörige der Mitarbeiter oder Anwohner sein, aber auch öffentliche Gruppierungen, die an dem Unternehmen ein Interesse haben.

Die fünf Schritte der Kundenbindung

Vom austauschbaren Einmalkäufer zum persönlichen Partner

Kundenbearbeitung

- Der Kunde bleibt völlig anonym.
- Seine Wünsche werden lediglich abgearbeitet.
- Er kann keinen individuellen Nutzen erwarten.
- Die Servicemitarbeiter haben eine niedrige Qualifikationsstufe.
- Es bestehen keinerlei Austritts- bzw. Wechselbarrieren.

Kundenbindung

- Es besteht eine langfristige Partnerschaft.
- Anbieter und Kunde agieren nach dem Win-Win-Prinzip.
- Der optimale Kundennutzen wird realisiert.
- Höchste fachliche und persönliche Qualifikation der Servicemitarbeiter.
- Hohe Austrittsbarrieren: Für den Kunden würde ein Wechsel eine einschneidende Veränderung bedeuten.

Kundenberatung

- Der Kunde erhält eine Unterstützung nach Standard.
- Der Kundennutzen ist durchschnittlich.
- Die Qualifikation der Mitarbeiter liegt ebenfalls im Durchschnitt.
- Da nur geringe Austrittsbarrieren bestehen, ist die Abwanderungsgefahr groß.

Kundenbetreuung

- Der Kunde erhält eine individualisierte Unterstützung.
- Er bekommt einen Mehrwert.
- Die Qualifikation der Servicemitarbeiter liegt über dem Durchschnitt.
- Ein Wechsel ist für den Kunden überlegenswert.

Kundenbeziehung

- Der Kunde wird zum Partner.
- Es entstehen persönliche Beziehungen.
- Er erhält einen ganz konkreten, individuellen Nutzen.
- Die Servicemitarbeiter sind persönlich und fachlich hoch qualifiziert.
- Der Kunde wird einen Wechsel gründlich überdenken.

Auf den Punkt gebracht

Kundenbindung wird zur
Überlebensvoraussetzung für Ihr Unternehmen

- Auf stagnierenden Märkten werden Produkte und Dienstleistungen austauschbar. Innovations- und Wettbewerbsdruck steigen.
- Veränderte Rahmenbedingungen für Unternehmen – vom Verkäufermarkt zum Beziehungsmarketing.
- Kunden werden kritischer und anspruchsvoller und gewinnen durch die Medien eine hohe Markttransparenz.
- Kundenbindung bezeichnet die gezielte Aktivität eines Anbieters, Kunden an das Unternehmen zu binden, sowie die Bereitschaft des Kunden Folgekäufe zu tätigen.
- Kundenbindung greift während aller Verkaufsphasen: vor, während und nach dem Kauf (Kontaktphase, Evaluationsphase, Kaufphase, Nutzungsphase, Wiederkaufphase).
- Sie können Kunden emotional, ökonomisch, vertraglich oder technisch an sich binden.
- Sie können Kundenbindung im Rahmen Ihrer Produkt-, Preis- und Kommunikationspolitik betreiben.
- Ihr Ziel sollte es sein, über Kundenorientierung Kundenzufriedenheit zu erreichen. Nur zufriedene Kunden sind loyale Kunden. Nur loyale Kunden kommen wieder.
- Kundenzufriedenheit ist das Ergebnis eines Vergleichsprozesses zwischen Ansprüchen und Erwartungen und der tatsächlich wahrgenommenen Leistung.
- Ihnen stehen zwei Stellschrauben zur Verfügung, um die Zufriedenheit Ihrer Kunden zu erhöhen: Entweder Sie steigern Ihre Leistungen oder Sie dämpfen die Erwartungen Ihrer Kunden.

2 Kommunikation – Wie begegne ich meinem Kunden?

Individuelle und dialogorientierte Kommunikation ist erfolgreiche Kommunikation

Mit Ihren Kunden können Sie auf vielfältige Weise in Kontakt treten. Sie können Informationen über Medien veröffentlichen oder auch dem Kunden direkt Auge in Auge gegenüberstehen. Eine Kommunikation über Dritte wie beispielsweise Meinungsbildner ist ebenfalls möglich.

Es lassen sich vier Kommunikationsbereiche unterscheiden:

- Medien wie Flyer, Direkt-Mailings oder Internet
- Telefon
- Face-to-Face-Kommunikation, Kundengespräch
- Öffentlichkeitsarbeit, PR

Oft werden Marketingaktivitäten eingestellt, wenn unmittelbar keine Rückmeldung erreicht wird. Hier lauert eine große Gefahr. Es kann sehr lange dauern, bis konkrete Rückmeldungen kommen. Bleiben Sie mit Ihren Kunden in Kontakt: per E-Mail, schriftlich, per Telefon oder durch persönliche Besuche.

> Viele Verkäufer und viele Unternehmen geben zu früh auf, eine Beziehung zum Kunden zu knüpfen. Bleiben Sie dran. Beziehungen entstehen nicht von heute auf morgen.

Kommunikationsbereich Medien

Sie möchten mit Ihren Kunden in Kontakt treten, im Gespräch und in Beziehung bleiben. Die einfachste Möglichkeit, dies zu tun, ist die Kommunikation über Medien. Allerdings sind Kundenkontakte über Medien oft einseitig. Ziel vieler Maßnahmen ist daher, den Kunden zu einem Antworten, einem Dialog zu animieren. Besonders geeignet ist hierzu das interaktive Medium Internet.

Unabhängig davon, welches Medium Sie nutzen, sollten Sie darauf achten, sich konsequent einheitlich darzustellen.

Corporate Design – Unverwechselbare Visitenkarte

Die einheitliche Unternehmensdarstellung, das Corporate Design (CD), soll sicherstellen, dass Ihr Unternehmen Ihren Kunden bei jeder Gelegenheit ein optisch identisches und unverwechselbares Erscheinungsbild bietet. Dies betrifft sowohl externe als auch interne Kommunikation. Ein Corporate Design, das sich ständig ändert und neuen Moden folgt, mag sich zur Neukundengewinnung und für Spontankäufer eignen. Sobald Sie jedoch Kunden haben, die wiederkommen – und dies trifft hoffentlich auf Ihr Unternehmen zu –, ist die Beachtung der Corporate-Design-Richtlinien (Styleguides) dringend nötig.

> Je konsequenter Sie Ihr Corporate Design umsetzen, desto unverwechselbarer werden Sie am Markt und desto höher ist der Wiedererkennungswert bei Ihren Kunden.

Entscheidend für ein einheitliches Erscheinungsbild sind wiederkehrende und wiedererkennbare Gestaltungs- und Stilelemente.

Firmenlogo, Hausfarben und Hausschriften

Achten Sie beim Firmenlogo und Ihren Hausfarben peinlich genau darauf, diese unverändert in sämtlichen Medien zu verwenden. Nichts ist für Stammkunden verwirrender als veränderte Schriften oder verfälschte Farben im Logo. Nur durch einen einheitlichen Unternehmensauftritt in Print- und anderen Medien stellen Sie sicher, dass Ihre Stammkunden nicht irritiert werden. Alle Drucksachen sollten im Idealfall in einheitlichen Hausfarben gehalten werden und eine einheitliche Hausschrift nutzen. Diese Schrift sollte auf allen Computern vorhanden und allen Mitarbeitern bekannt sein.

Übereinstimmende Gestaltungsstrukturen

Manche Unternehmen schreiben Briefe grundsätzlich im Blocksatz, gestalten Anzeigen mit Blocksatz und werben mit Broschüren, die im Blocksatz gestaltet sind. Andere Unternehmen verwenden einen 1,2-fachen Zeilenabstand, auch in allen Drucksachen. Und bei wiederum anderen Unternehmen finden Sie nach jedem Absatz ein rotes Quadrat ... Egal welche Gestaltungsstrukturen Sie vorgeben, sorgen Sie dafür, dass diese allen bekannt sind, und kontrollieren Sie, dass diese eingehalten werden.

Frau Schmidt ist irritiert. Sie arbeitet jetzt schon zwei Wochen bei Feinkost-Müller. Den Überblick zu behalten, welche Briefe von Ihrer Vorgängerin selbst geschrieben wurden, ist gar nicht so einfach, denn diese war sehr kreativ, was die Briefe betraf. Mal wurde die Schrift gewechselt, mal die Schriftgröße. Unnötig zu sagen, dass die Kunden dies genauso empfanden und meist zwischen Irritation und Belustigung schwankten.

Qualtätssicherung

Kleine Fehler und Ungenauigkeiten können vorkommen. Unangenehm wird es dann, wenn sich Fehler summieren und der Kunde immer wieder dieselben Tippfehler oder Ungenauigkeiten zu sehen bekommt. Suchen Sie sich einen Mitarbeiter, einen Freund oder einen Geschäftspartner und bitten Sie diesen, die für Kunden bestimmten Unterlagen aus Sicht des Kunden durchzusehen.

Direkt-Mailing-Aktionen zur Kundenbindung

Direkt-Mailings werden im Rahmen des Kundenbindungsmanagements besonders dann eingesetzt, wenn der Kontakt zum Kunden aufgefrischt werden soll oder gar die Gefahr besteht, dass dieser in Kürze abwandert.

Diese Gefahr besteht bei vertraglicher Kundenbindung beispielsweise dann, wenn die Mindestvertragszeit ausläuft, bei emotionaler Bindung dann, wenn eine Reklamation vorausging, und bei technisch-funktionaler Bindung dann, wenn Mitbewerber Innovationen auf den Markt bringen.

Im Folgenden je ein Beispiel:
Seit 18 Monaten hat Silke Müller ihr Handy. Obwohl ihr Vertrag noch sechs Monate läuft, erhält sie von ihrem Vertragspartner ein interessantes Angebot: entweder 30 Euro Gesprächsguthaben oder ein neues, schickes Handy. So fällt es ihr nicht schwer, den Vertrag zu verlängern.
Nachdem Eva Schmidt auf ein Mittel ihrer Kosmetikerin mit Hautirritationen reagiert hat, erhält sie öfter Post von ihrem Kosmetikinstitut. Manchmal enthält das Mailing Gratisproben, meist jedoch aktuelle Informationen. Besonders interessant sind für Frau Schmidt die Einladungen zu Kurzvorführungen, während derer neue Pflegemittel ausprobiert werden können. Selbstverständlich notiert sie den nächsten Termin gleich in ihrem Kalender.
Herr Huber ist Kaffeegenießer. Vor kurzem hat er ein Kaffeesystem erworben, bei dem nur der vorportionierte Kaffee des Herstellers verwendet werden kann. Jetzt bekommt er regelmäßig Post, in der ihm der Hersteller neue Zubereitungsvarianten vorstellt und Lust auf neue Kaffeesorten macht.

> Über Direkt-Mailings halten Sie Kontakt und signalisieren Ihrem Kunden Interesse.

Die Direktmarketingcenter der Deutschen Post (und auch regionale Anbieter sowie Anbieter aus dem Ausland) bieten eine kostenlose Beratung zum Thema Direkt-Mailings an. Nutzen Sie diese Möglichkeit!

Personalisierte Medien und Geschenke

Sie möchten zu Ihren Kunden eine persönliche Bindung herstellen? Nutzen Sie dazu persönliche Geschenke und personalisierte Unterlagen. Damit dokumentieren Sie, dass Ihr Kunde für Sie etwas Besonderes und Einzigartiges ist. Untersuchungen haben gezeigt, dass personalisierte Unterlagen bedeutend seltener im Papierkorb landen, weil Kunden Hemmungen haben, sie einfach wegzuwerfen.

Auch standardisierte Unterlagen können sehr einfach personalisiert werden.

Dies bedeutet nicht, auf alle Artikel den Namen des Kunden in Gold zu prägen. Unterlagen bekommen schon eine persönliche Note durch eine Widmung, einen Aufkleber, eine Unterstreichung oder handschriftliche Randnotiz oder eine besondere Verpackung. Je individueller und persönlicher eine Kundenansprache ist, desto wirkungsvoller ist sie.

Geburtstags- und andere Karten

Ein Geburtstag ist etwas sehr Persönliches. Gratulieren Sie wichtigen oder viel versprechenden Kunden mit einer Karte! Ein solch persönlicher Gruß wird Ihre Kunden überraschen und wirkt viel nachhaltiger als die üblichen anonymen Massendrucksachen. In vielen Branchen ist das Geburtsdatum ein fester Bestandteil der Kundendatei. Viele Verkäufer nutzen Verkaufs- und Beratungsgespräche auch, um ganz beiläufig nach dem Geburtsdatum zu fragen.

Bei 500 wichtigen Kunden bedeutet dies im Schnitt täglich zwei persönlich geschriebene oder unterschriebene Karten. Das erfordert nicht viel Zeit. Und der Aufwand lohnt sich!

Ein Tipp: Denken Sie im Endkundengeschäft wenn möglich bei Paaren an beide Geburtstage. Selbst wenn nicht beide Partner Kunden sein sollten, wird man Ihre Aufmerksamkeit zu schätzen wissen.

Eine abgewandelte Idee ist es, mit Karten wichtige Stationen oder Ereignisse der Kundenbeziehung zu thematisieren. Naheliegend ist eine Karte anlässlich eines Kaufjubiläums. Dies bietet sich vor allem bei langlebigen Investitionsgütern an. Manche Autohäuser verschicken Karten zum Jahresjubiläum des Autokaufs und Architekten erinnern mit Karten an das Jahresjubiläum des Richtfests.

Neben Karten können Sie natürlich auch weitere Möglichkeiten wählen, dem Kunden Aufmerksamkeit zu zollen und sich selbst in Erinnerung zu bringen. Einige Möglichkeiten:

- Senden Sie ein individuelles Präsent
- Überraschen Sie den Kunden durch einen Telefonanruf
- Senden Sie Blumen

Personalisierung von Unterlagen und Geschenken

Nutzen Sie die Möglichkeit, Unterlagen individuell zu ergänzen oder zu personalisieren. Ein Buch mit einer Widmung gewinnt an Wert. Eine Broschüre mit handschriftlichen Zusatzinformationen ebenso.

Die Unternehmensberatung Schneider hat für ihre Kunden immer ein ganz besonderes Weihnachtsgeschenk. Egal wie hoch der materielle Wert auch sein mag, es sind immer individuell ausgesuchte Präsente mit einer persönlichen Widmung. Nicht aufdringlich, aber persönlich. So erinnern sich die meisten Kunden gern an das Unternehmen.

Herr Meier ist Außendienstmitarbeiter. Seine Devise lautet: Keine Unterlage, die nicht personalisiert ist. Auch wenn es „nur" um einen neuen Prospekt geht. Zumindest eine Haftnotiz mit einer kurzen Bemerkung klebt immer in den Unterlagen. So fühlen sich seine Kunden persönlich angesprochen und nicht als eine Nummer unter vielen.

Hier einige Beispiele für Personalisierungsmöglichkeiten:

- Verschenken Sie Bücher mit Firmenstempel und Widmung.
- Verwenden Sie Haftnotizen bei Prospekten.
- Markieren Sie in Unterlagen für den Kunden besonders interessante Stellen.
- Vermerken Sie den Namen des Kunden handschriftlich.

Ihr Internetauftritt

Gerade das Internet ist aufgrund seiner Interaktivität besonders geeignet, in den Dialog mit Kunden zu treten. Unmittelbar, zeit- und ortsunabhängig.

Oftmals finden sich Internetauftritte, die fast nur auf Neukunden ausgerichtet sind. Für Stammkunden findet sich dort sehr wenig. Sorgen Sie dafür, dass Ihre Internetseiten sowohl für Neukunden attraktiv, einfach und ansprechend sind als auch für Stammkunden ein entsprechendes Angebot bereithalten.

Besonders attraktiv ist es für Stammkunden, wiederzukommen, wenn es einen speziellen Kundenbereich gibt, der für „Normalbesucher" nicht zugänglich ist. Das schafft Exklusivität, und Ihre wichtigen Kunden fühlen sich ernst genommen.

Herr Kaltenstahl ist Verkaufstrainer. Seit kurzem bietet er auf seiner Homepage einen speziellen Kundenbereich an. Hier können sich seine Seminarteilnehmer und ihre Vorgesetzten nach einem Workshop weitere Informationen herunterladen. Da dieser Bereich durch einen Zugangscode gesichert ist, haben seine Kunden das Gefühl, etwas Exklusives zu erhalten. Natürlich gibt es dann auch allerlei Interessantes und Unterhaltsames: Checklisten, Unterlagen, Fotos, Cartoons oder Bilder. Für die Besucher alles gratis. Und weil Herr Kaltenstahl auch darauf achtet, dass seine Seiten regelmäßig aktualisiert werden, kommen viele seiner Kunden öfter auf seine Homepage.

Natürlich sollten Sie darauf achten, dass Anmutung und Qualität Ihrer Internetpräsenz den Qualitätsanforderungen Ihrer Drucksachen entsprechen.

Es hat wenig Sinn, Printmedien nahezu unverändert ins Netz zu stellen. Das Internetangebot sollte vielmehr einen ganz konkreten Zusatznutzen bieten.

Während Printmedien linear und statisch sind, leben Internetangebote von ihrer Interaktivität. Ihre Kunden kommen nur dann immer wieder auf Ihre Internetseiten, wenn Sie dort einen wirklichen Vorteil und Zusatznutzen bieten. Überlegen Sie, was Ihre Kunden interessieren könnte:

- aktuelle Informationen rund um Produkt, Leistungserstellung und Unternehmensumfeld
- Benutzerforum, in dem Kunden Erfahrungen austauschen können
- Servicebereich, in dem schnelle und fachkundige Beratung angeboten wird
- Linkliste, die auf andere, für Kunden interessante Websites verweist
- schnelle und kundenfreundliche Bestellmöglichkeiten
- eventuell Angebote und Schnäppchen, die auf dem üblichen Bestellweg nicht zu haben sind
- Grußkarten mit Unternehmenslogo und produktspezifischen Abbildungen
- Routenplaner zu Unternehmensstandorten und Filialen
- branchenspezifische Aktienkurse

Folgende Punkte sollten Sie beachten, wenn Ihre Homepage sowohl für Ihre Neukunden als auch für Ihre Stammkunden von Interesse sein soll.

So binden Ihre Internetseiten Kunden

- Bieten Sie konkreten Zusatznutzen.
- Versuchen Sie alle Kundenanfragen möglichst innerhalb von 48 Stunden zu beantworten. Geht das nicht, begründen Sie per Mail die Verzögerung.
- Stimmen Sie Ihre Online- und Offlineaktivitäten genauestens aufeinander ab. Wenn der Servicemitarbeiter vor Ort von dem aktuellen Angebot im Netz nichts weiß oder die im Internet angebotene schnelle Lieferung sich verzögert, weil der Vertrieb nicht über die notwendigen Kapazitäten verfügt, sind Kunden verständlicherweise irritiert.

- Wenn Sie alle technischen Möglichkeiten ausreizen (Webcam, Sound, Grafik), sollten Sie bedenken, dass viele Ihrer Kunden nicht über die neueste Technik verfügen. Achten Sie also darauf, Ihre Seiten so zu gestalten, dass sie auch mit älterer Technik nutzbar sind.
- Achten Sie darauf, Ihre Seiten regelmäßig zu aktualisieren. Wenn für Zeitungen gilt: „Nichts ist so uninteressant wie die Meldung von gestern", gilt dies für Internetseiten ebenso. Nichts wirkt abschreckender als eine Homepage mit Terminen des vergangenen Jahres.
- Machen Sie Ihren Kunden das Navigieren auf Ihren Seiten so leicht wie möglich. Der Nutzer sollte während des Surfens eine Übersicht über das Gesamtangebot im Blick halten. Vermeiden Sie lange Ladezeiten. Denken Sie daran: Die Konkurrenz ist immer nur einen Klick weit entfernt.

Newsletter zur Kundenbindung und Kundeninformation

Durch einen Newsletter per E-Mail bleiben Sie günstig und schnell in Kontakt mit Ihren Kunden. Doch gerade weil die Versendung von Newslettern bedeutend schneller und einfacher geschehen kann als die von gedruckten Informationen und Broschüren, werden hier viele Fehler gemacht.

Frau Sonnleitner ist Inhaberin eines Blumengeschäfts. Anders als viele ihrer Mitbewerber setzt sie konsequent auf Kundenbetreuung und Kundenbindung über Newsletter. Kunden, die über eine E-Mail-Adresse verfügen, werden regelmäßig angemailt, Kunden ohne E-Mail-Adresse erhalten einen Brief. Damit bleibt sie in Erinnerung, und die Kunden profitieren von den praktischen Tipps rund um das Thema Blumen und Garten.

Grundregeln für Newsletter:
- Achten Sie auf die Größe von Anhängen. Am besten senden Sie eine E-Mail ohne Anhang.
- Bieten Sie zu Beginn eine Themenübersicht zur schnellen Information.

- Der Newsletter sollte eine Möglichkeit beinhalten, ihn einfach abzubestellen.
- Achten Sie darauf, nicht mit Massen-E-Mails (Spam) in Verbindung gebracht zu werden.

Kommunikationsbereich Telefon

Das Telefon ist sicherlich eines der meistgenutzten Instrumente, um mit Kunden Kontakt aufzunehmen. Mit einigen wenigen Ideen können Sie hier im Bereich Kundenbindung einiges bewegen. Im Gegensatz zu Direkt-Mailings, E-Mails oder Broschüren lässt sich am Telefon ein direkter Dialog herstellen.

Es lassen sich grob zwei Formen unterschiedlicher Telefongespräche unterscheiden: eingehende Gespräche (inbound) und ausgehende Gespräche (outbound).

Inbound: Ihre Meldung am Telefon

Achten Sie darauf, dass Sie sich im Unternehmen einheitlich melden. Dies stellt eine Erleichterung für Ihre Kunden dar: Sie wissen sofort Bescheid. Und: Ihr Unternehmen wird wiedererkannt. Was für Broschüren gilt (Corporate Design), gilt auch für die Meldung am Telefon: Wiedererkennbar sollte sie sein.

Jeder im Unternehmen meldet sich anders. Der eine mit *„Ja!"*, die andere mit *„Frau Müller, Firma Maier, was kann ich für Sie tun?"* und der dritte mit *„Maier, Schmitz!"*. Die Folge: Die Kunden sind irritiert und fragen sehr oft nach. Eigentlich unnötig.

Bieten Sie Ihren Kunden schon mit dem ersten Satz etwas, womit sie rechnen können: einen serviceorientierten, verlässlichen Partner.

Hier zwei Möglichkeiten, die Ihre Kunden schnell ins richtige Bild setzen:

- Unternehmen – Name – Begrüßung
  Schreinerei im Stühlinger, Detlef Pieper, Guten Tag!
- Begrüßung – Unternehmen – Name
  Guten Tag, Blumeninsel Freiburg, mein Name ist Yilmaz!

Entscheidend ist eine einheitliche Meldung.

Hüten Sie sich vor langatmigen Meldefloskeln, die nicht zu Ihrem Unternehmen passen!

Outbound: Aktive Telefonate zur Kundenbindung

Durch Telefonate können Sie auf schnelle und kostengünstige Art Kontakt zu Ihren Kunden halten.

- Aktualisierung und Überprüfung des Datenbestands: Diese Tätigkeit kann auch von Aushilfen übernommen werden. Entscheidend ist hier die Freundlichkeit, nicht das Fachwissen. Der Kunde soll spüren, dass Sie sich um ihn kümmern.
- Nachfassen von Angeboten: Viele Unternehmen lassen es zu, dass Kunden zu Mitbewerbern abwandern. Weshalb? Weil nach einem Angebot kein Nachfasstelefonat folgt. Achten Sie darauf, dass Sie Ihren Kunden mit Ihrem Angebot nicht allein lassen. Rufen Sie an! Fragen Sie nach, wie ihm Ihr Angebot zusagt. Nur so können Sie herausfinden, wie Sie den Kunden (wieder-)gewinnen.
- Verkauf und Zusatzverkauf: Rufen Sie Ihre Kunden regelmäßig an, um zu klären, wie zufrieden sie mit der bisherigen Zusammenarbeit sind und was Ihr Unternehmen im Moment tun kann. Fragen Sie besonders danach, wann voraussichtlich eine Zusammenarbeit wieder aktuell werden kann, und vermerken Sie diese Informationen in Ihrer Datenbank. So können Sie zum passenden Zeitpunkt wieder anrufen und haben sogar noch einen guten Einstieg: *Herr Müller, Sie hatten in unserem letzten Telefonat gesagt …*

Während der Sommermonate wird bei Firma Schulze eher wenig bestellt. Dennoch sind auch in dieser Zeit viele Mitarbeiter am Telefon beschäftigt. Meist werden die Kundendaten überprüft und geänderte Ansprechpartner und E-Mail-Adressen eingetragen. Dadurch ist die Datenbank immer auf dem aktuellen Stand und gleichzeitig Firma Schulze bei den Kunden wieder in Erinnerung gebracht. Meist haben diese sogar noch etwas Zeit, ihre Wünsche, Sorgen und Hoffnungen zu äußern.

Um das Telefon als Instrument der Kundenbindung nutzen zu können, sollten Sie einige Grundregeln erfolgreichen Telefonierens beachten:

- Überlegen Sie sich vor dem Telefonat genau, was Sie mit diesem Anruf erreichen möchten.
- Stellen Sie sich laut und deutlich am Telefon vor. Viele Kunden rechnen nicht mit Ihrem Anruf. Fragen Sie daher *Passt es im Moment?* und geben Ihrem Kunden damit Gelegenheit, sich auf Sie einzustellen. Sollte Ihr Anruf unpassend kommen, vereinbaren Sie einen späteren Termin.
- Wählen Sie nach der Begrüßung einen positiven Einstieg. Beispielsweise: *Herr Reinecke, Sie sind ja bereits seit drei Jahren Kunde bei uns. Mein heutiger Anruf hat einen ganz besonderen Grund ...*
- Halten Sie nach jedem Telefonat die Ergebnisse und einen Termin für den nächsten Anruf in einem Kontaktbericht fest.

Nutzen Sie CRM-Unterstützung am Telefon

Eine CRM-Software kann Sie bei Ihren Telefonaten unterstützen (CRM = Customer Relationship Management):

- Zusammenstellen von Anruflisten im Outbound
- automatische Anwahl aus der Datenbank heraus
- strukturierte Erfassung der Kundenwünsche und Gesprächsergebnisse
- Wiedervorlagemanagement

Servicenummern

Sie möchten es Ihren Kunden so einfach wie möglich machen, mit Ihnen Kontakt aufzunehmen? Nutzen Sie zwei einfache Möglichkeiten: Servicenummern und Vanity-Nummern.

- Servicenummer: Viele Unternehmen bieten ihren Kunden den Service einer kostenlosen 0800er-Nummer. Damit fällt es vielen Kunden noch leichter, Kontakt mit dem jeweiligen Unternehmen aufzunehmen.
- Vanity-Nummer: Immer beliebter werden auch so genannte Vanity-Nummern. Hierbei werden die einzelnen Ziffern der Rufnummer durch einen Buchstaben ersetzt, sodass Namen oder Begriffe an die Stelle der Zahlenkombination treten. So erleichtern Sie es Ihren Kunden, Ihre Nummer zu wählen. In manchen Unternehmen wird die Gratis-Vanity-Nummer exklusiv nur bestehenden Kunden mitgeteilt. So haben Sie kaum „ungebetene" Anrufer.

Face-to-Face-Kommunikation

Die direkteste Art der Kundenbindung betreibt man von Angesicht zu Angesicht. Gerade im persönlichen Gespräch können Sie echten Kontakt zu Ihren Kunden herstellen. Achten Sie jedoch darauf, auch hier Fettnäpfchen zu vermeiden und das Gespräch so optimal wie möglich zu gestalten. Denn schließlich soll ja Ihr Kunde gerne mit Ihnen reden und sich schon auf das nächste Gespräch mit Ihnen freuen.

Die KISS-Formel (Keep it simple and stupid) mag für die Werbung interessant sein, im Alltag der Kundenbindung ist ein partnerschaftliches Vorgehen sinnvoller als ein schnelles Geschäft.

> Ihr Kunde möchte selbst entscheiden. Machen Sie Vorschläge, raten Sie ihm zu einem Kauf, aber setzen Sie ihn nicht unter Druck. Hardselling und Verkaufskanonen sind „megaout"!

Aktiver Beziehungsaufbau schon beim Erstkontakt

Eine Beziehung entsteht beim ersten Kontakt. Was Sie im ersten Gespräch nicht erfahren, werden Sie möglicherweise nie erfahren. Manche Fragen können Sie nicht nachholen.

Bauen Sie sofort eine Beziehung auf und behandeln Sie jeden Kunden so, als ob er bereits ein Stammkunde wäre.

Warten Sie nicht darauf, bis – gewissermaßen von selbst – sich eine Beziehung entwickelt und die Bindung mit der Zeit festigt, sondern werden Sie selbst aktiv. Versuchen Sie jeden Kunden in eine Beziehung einzubinden! Auch wenn es ein Zufallskunde ist. Überlegen Sie nicht erst beim fünften Mal, welche Vorlieben Ihr Kunde hat und weshalb er gekauft oder nicht gekauft hat. Warten Sie nicht darauf, dass der Kunde wiederkommt und sich damit die Beziehung festigt.

Martin Müller, Berater in einem Sportgeschäft, weiß: Wenn er den Kunden binden möchte, kann er nicht erst warten, bis sich eine Beziehung entwickelt, sondern er muss selbst in die Beziehung investieren. Er wartet nicht, bis der Kunde ein Stammkunde geworden ist, sondern macht sofort ein Beziehungsangebot: Informationen zu Lauftreffs, das Sonntagsjoggen und die Vorträge im Sporthaus. Er gibt Informationen und bietet Kontaktmöglichkeiten. Einerlei, ob der Kunde kauft oder nicht: Klar ist, dass Herr Müller ein Angebot gemacht hat. Ob der Kunde dieses Angebot annimmt, bleibt ihm selbst überlassen.

Informationen, die Sie gleich beim ersten Gespräch erfragen können:

- Worauf legen Sie besonderen Wert?
- Möchten Sie über Neuerungen auf dem Laufenden gehalten werden?
- Welche Erfahrungen haben Sie bisher mit ähnlichen Produkten oder Dienstleistungen gemacht?
- Wie sind Sie auf uns gekommen?

Der Name – Ihr Schlüssel zum Kunden

Wenn Sie sich an die Namen Ihrer Kunden erinnern und diese auch mit Namen ansprechen, dokumentieren Sie damit auch nach außen Wertschätzung und dass Sie an einer längerfristigen Beziehung interessiert sind.

Unser Name ist eines der positivsten Wörter, die wir kennen. Wie wichtig wir den eigenen Namen nehmen, wird uns bewusst, wenn wir uns über unseren falsch geschriebenen oder ausgesprochenen Namen ärgern. Wir alle empfinden es als sehr angenehm, persönlich angesprochen zu werden. Nicht nur bei der Begrüßung und bei der Verabschiedung, sondern auch im Verlauf des Gesprächs. Dies gibt uns das Gefühl, geschätzt zu werden und wichtig zu sein.

Viele Verkäufer im Einzelhandel werfen einen kurzen Blick auf die Scheck- oder Kreditkarte. Anschließend lässt sich der Kunde direkt mit Namen ansprechen. Bei Telefonaten ist es sinnvoll, sofort den Namen zu notieren, und bei Verkaufsgesprächen bietet es sich an, den Namen deutlich auf dem Notizblock zu notieren. So sorgen Sie für ein positives Gesprächsklima.

Nutzen Sie jede Gelegenheit, zu überprüfen, ob Sie den Namen des Kunden richtig aussprechen oder ob der Name des Kunden richtig geschrieben ist. Sollte der Name in der Datenbank falsch eingetragen sein, sorgen Sie dafür, dass er auch in allen Dokumenten geändert wird, die als Vorlage dienen könnten. So stellen Sie sicher, dass Tippfehler sich nicht „durchschleppen".

> Gewöhnen Sie sich an, die Namen Ihrer Gesprächspartner sofort zu wiederholen. So behalten Sie sie besser in Erinnerung und sorgen gleichzeitig für eine positive Atmosphäre.

Wenn Sie sich schwer damit tun, Namen zu merken, dann können Eselsbrücken helfen. Überlegen Sie sich ein Bild zum

Namen Ihrer Stammkunden. Stellen Sie sich Herrn Müller vor, wie er Getreidesäcke schleppt. Denken Sie bei Herrn Bauer daran, wie er mit dem Trecker unterwegs ist. Frau Winter setzen Sie in den Schnee.

Schwieriger wird es bei zusammengesetzten Namen: Herrn Waldstein legen Sie in Ihrer Vorstellung in die eine Hand einige Bäume, in die andere einen Stein. Paradox, aber wirksam: Je unsinniger das Bild, desto besser prägt sich der Name ein. Aber was nützt es, sich die Namen zu merken, wenn Sie sie nicht den Gesichtern zuordnen können? Achten Sie einfach auf Besonderheiten im Gesicht. Dort gibt es viel zu entdecken: markante Falten, abstehende Ohren, Runzeln, buschige Augenbrauen und vieles mehr. Schlagen Sie jetzt einfach eine Brücke zwischen Gesicht und dem Bild, das Sie sich ausgedacht haben: Herr Waldstein hat jetzt nicht nur Bäume und Steine in der Hand, sondern klopft sich mit dem Stein immer wieder seinen markanten Schneidezahn krumm. Sie werden überrascht sein, wie schnell Ihnen plötzlich Namen einfallen.

Fragen sind Garanten erfolgreicher Gespräche

Im Verkaufsgespräch wie auch in einer erfolgreichen Kundenbeziehung gilt: Ihren Kunden die richtigen Fragen zu stellen, ist entscheidend. Mithilfe von Fragen navigieren Sie durch das Gespräch, zeigen Interesse und nur durch Fragen erfahren Sie, was Ihr Kunde von Ihnen erwartet.

Folgende Fragearten lassen sich zu unterschiedlichen Zwecken einsetzen.

Offene Fragen bringen viel Information

Offene Fragen (oder noch einfacher: W-Fragen) werden meist ausführlicher beantwortet. Ihr Kunde redet also. Vielfach über sich, seine Bedürfnisse und seine Wünsche. In Kundengesprächen ist diese Frageart daher die erste Wahl!

- *Wie sind Sie mit dem Wagen zufrieden?*
- *Was erwarten Sie von einer Management-Software?*
- *Was würden Sie an unserer Stelle tun?*

- *Wo genau liegt Ihr Problem?*
- *Was können wir sonst noch für Sie tun?*
- *Was können wir noch verbessern?*

Geschlossene Fragen bringen die Dinge auf den Punkt

Auf geschlossene Fragen ist die Antwort meist kurz und knapp. Sie eignen sich daher dazu, Sachverhalte zu bestätigen oder Entscheidungen einzuleiten. Vorsicht: Wenn solche Fragen unsensibel oder zu früh eingesetzt werden, können sie ein Gespräch ins Stocken bringen oder gar abwürgen.

- *Nehmen Sie auch am Training teil?*
- *Sind Sie für den Einkauf zuständig?*
- *Ist das so in Ordnung für Sie?*

Alternativfragen erleichtern Entscheidungen

Durch Alternativfragen erleichtern Sie Ihren Kunden Entscheidungen zu treffen, indem Sie ihnen Wahlmöglichkeiten anbieten.

- *Möchten Sie unsere Kundenzeitschrift per Post oder lieber direkt per E-Mail?*
- *Sollen wir vor oder nach der Sommerpause noch mal telefonieren?*
- *Werden Sie zu unserem Event allein kommen oder möchten Sie noch jemanden mitbringen?*

Suggestivfragen lenken den Gesprächspartner

Im Rahmen einer partnerschaftlichen Kundenbeziehung sollten Suggestivfragen nur sparsam verwendet werden, da sie den Gesprächspartner unter Druck setzen können.

- *Meinen Sie nicht auch, dass …*
- *Sicher stimmen Sie mir zu, wenn …*

Smalltalk als Türöffner

Ein interessantes Gespräch ist eine der schönsten Möglichkeiten, mit Kunden in Kontakt zu bleiben. Egal ob bei Zufallsbegegnungen in der Stadt oder bei gesellschaftlichen Anlässen: Smalltalk hilft Ihnen, ein Gespräch zu beginnen, ohne den anderen in eine Ecke zu drängen. Mit jedem Smalltalk lernen Sie Ihren Gesprächspartner etwas näher kennen und bereiten so den Boden für wichtige Gespräche und Verhandlungen.

Grundregeln des Smalltalks

- Vermeiden Sie Tabuthemen wie Religion, Politik, Geld, Krankheit etc.; besonders wenn Sie Ihren Gesprächspartner noch nicht gut kennen. Aufhänger, die Ihnen helfen, ein Gespräch zu beginnen, sind
  - aktuelle Ereignisse, die allgemeine Situation: Sprechen Sie über das Hier und Jetzt. Über das Wetter, die Musik, das Essen, den Gastgeber ...,
  - Ihr Gesprächspartner: Sprechen Sie über Ihren Kunden; über seine Krawatte, seine gute Laune, die braun gebrannte Haut, den Bericht in der Zeitung ...,
  - Sie selbst: Sprechen Sie über sich selbst. Dies können besondere Erlebnisse aus der letzten Zeit sein, es kann die Anfahrt zum Kunden betreffen, Anekdoten, die auf die Situation passen, etc.
- Achten Sie darauf, dass Sie etwas Nettes und Unterhaltendes sagen. Kritik oder lautstarke Meinungsäußerungen haben hier nichts verloren.
- Achten Sie auf einen passenden Gefühlsausdruck. Sie alle kennen die unangenehme Situation, bei der Ihr Gesprächspartner sagt: „Wie interessant!" und durch seinen gelangweilten Gefühlsausdruck deutlich macht, dass er offensichtlich nicht das geringste Interesse an Ihren Äußerungen hat.
- Ein Smalltalk sollte nicht ausufern. Er ist eine kurze Begegnung, ein flüchtiges Treffen, aus dem mehr werden kann, aber nicht muss.

Das Dankeschön im Kundengespräch

Manche Mitarbeiter würden sich lieber die Zunge abbeißen, als sich beim Kunden zu bedanken. Doch ein „Dankeschön" ist eine der wirksamsten Möglichkeiten, Kunden zu binden. Ein Dankeschön kann direkt am Telefon erfolgen oder auch im Nachgang zu einer Rückmeldung, Referenz oder Reklamation.

Überlegen Sie, welche Möglichkeiten es gibt, sich zu bedanken:

- *Danke, dass Sie uns jetzt schon das dritte Mal beauftragen!*
- *Danke, dass Sie uns weiterempfohlen haben!*
- *Danke, dass Sie uns als einer der ersten Kunden in diesem Jahr beauftragen!*

Sogar bei verärgerten Kunden ist ein „Danke" angebracht. Hier können Sie viel bewirken, indem Sie auch erbosten Kunden Wertschätzung entgegenbringen.

- *Danke, dass Sie gleich Bescheid gegeben haben.*
- *Danke dafür, dass Sie uns solch eine offene und ehrliche Rückmeldung gegeben haben.*
- *Gut, dass Sie so aufmerksam waren. Vielen Dank!*

Eng verwandt mit einem Dankeschön ist ein Minilob. Ein Minilob zu geben bedeutet nicht, jemandem Honig ums Maul zu schmieren, sondern ernsthaft Anerkennung zu zollen. Es signalisiert eine Wertschätzung der anderen Person gegenüber. Es ist ein Geschenk. Viele Kunden stellen nur deshalb „unnötige" Fragen, um von Ihnen gelobt und anerkannt zu werden.

Da kommt etwa ein Kunde und sagt: *Sie haben doch für die Firma Maier die Einrichtung gemacht!* Nun könnten Sie mit einem einfachen *Ja* antworten. Lautet Ihre Antwort dagegen: *Ja richtig, stimmt genau!*, bestätigen Sie Ihren Kunden nicht nur, sondern schaffen zugleich eine positive Atmosphäre. Nutzen Sie die vielfältigen Chancen, an Ihre Kunden Anerkennung zu verteilen! Freundlichkeit wirkt anziehend. Und schließlich möchten Sie ja, dass Ihre Kunden wiederkommen.

Einige Beispiele für Minilobs: *Richtig!; Ja, genau!; Toll!; Guter Vorschlag!; Eine interessante Frage!; Sie haben den Nagel auf den Kopf getroffen!; Wunderbar!; Das ist ein wesentlicher Punkt!; Eine ausgezeichnete Idee!; Sie haben Recht!; Prima!*

Empfehlungsfragen im Gespräch

Wir alle kennen Menschen, die andere Menschen kennen. Empfehlungsmarketing ist Kundengewinnung im Beziehungsnetzwerk. Nutzen Sie diese Möglichkeit und fragen Sie Ihren Gesprächspartner ganz gezielt nach einer Weiterempfehlung oder weisen Sie ihn zumindest darauf hin, dass Sie sich über eine Weiterempfehlung freuen.

> Die einfachste Möglichkeit, an Neukunden zu kommen, besteht darin, Ihren Gesprächspartner danach zu fragen.

Neukunden können auch andere Abteilungen in größeren Unternehmen sein. Fragen Sie gezielt nach, wenn Sie einen begeisterten Kunden vor sich haben!

Eine einfache Methode ist der Empfehlungs-Dreischritt. Ausgangspunkt ist eine positive Anmerkung Ihres Kunden. Im ersten Satz greifen Sie diesen positiven Punkt auf und stellen ihn explizit heraus. Im zweiten Satz erwähnen Sie, dass Sie sich – ganz allgemein – über Weiterempfehlungen freuen. Hier sprechen Sie den Kunden noch nicht direkt an, sondern bleiben bewusst sehr allgemein. Im dritten Satz schließlich beziehen Sie sich konkret auf den Kunden und teilen diesem mit, dass Sie sich natürlich auch über seine Weiterempfehlung freuen.

Kunde: *Mit der schnellen Lieferung damals war ich sehr zufrieden!*

Sie: *Ja, genau, unser Ziel ist es auch, Ihnen einen perfekten Service zu bieten.* (1)
Wir freuen uns, wenn sich das herumspricht. (2)

*Welcher Abteilung in Ihrem Unternehmen könnten Sie
diesen Lieferweg noch empfehlen?* (3)

Neben der Aussicht auf potenzielle neue Kunden bringt die Empfehlung auch eine höhere Kundenbindung: Kunden, die eine Empfehlung abgegeben haben, identifizieren sich stärker mit dem Unternehmen. Denn welcher Kunde empfiehlt ein Unternehmen weiter und wendet sich dann einem Mitbewerber zu?

Visitenkarten – Bleiben Sie präsent

Visitenkarten sind etwas sehr Persönliches. Wenn Sie jemandem eine Visitenkarte überreichen, dann signalisieren Sie, dass Sie offen sind für einen weiteren Kontakt, dass Sie eine Beziehung zum Gesprächspartner aufbauen möchten. Wenn Sie eine Visitenkarte überreichen, werden Sie meist feststellen, dass Sie ebenfalls eine Visitenkarte zurückbekommen. So haben Sie schnell den korrekten Namen, die Telefonnummer und E-Mail-Adresse für Ihre Kunden-Datenbank zur Hand. Visitenkarten können Sie für drei verschiedene Anlässe nutzen:

- Bei der Vorstellung: So erleichtern Sie es Ihrem Gesprächspartner, Ihren Namen zu behalten.
- Am Ende des Gesprächs: So können Sie Ihrem Gesprächspartner Ihre Telefonnummer und Adresse mitteilen.
- Während des Gesprächs oder außerhalb eines Gesprächs zum Notieren von Mitteilungen: Dafür sollten Sie von Plastikkarten oder dunklem Karton absehen, da es hier schwierig ist, mit einem normalen Stift Notizen zu machen.

Selbstverständlich sind Visitenkarten nicht nur für den Außendienst geeignet, sondern auch für den Einzelhandel und andere Branchen. Eine Verkäuferin im Modegeschäft kann am Ende des Beratungsgesprächs eine persönliche Visitenkarte überreichen und darauf hinweisen, dass sie jederzeit zur Verfügung steht. So bleibt sie in positiver Erinnerung und hebt sich und das Unternehmen von Mitbewerbern ab.

Herr Maier ist vom Auftreten der Handwerker überrascht. Zum einen waren sie pünktlich zum vereinbarten Termin vor Ort und zum anderen wurde ihm gleich eine Visitenkarte überreicht. „So können Sie uns bei Fragen jederzeit direkt erreichen!", hieß es. Natürlich wirft Herr Maier die Visitenkarte nicht weg, sondern heftet sie ab. Eines ist sicher: Beim nächsten Bedarf wird er sich daran erinnern und die Visitenkarte nutzen.

Visitenkarten sind viel persönlicher als ein Flyer oder eine Broschüre. Sie werden deshalb viel seltener direkt weggeworfen. Achten Sie daher darauf, dass Sie zusätzlich zu Unterlagen und Informationen immer auch Visitenkarten verteilen – so bleiben Sie besser in Erinnerung.

Der Auftritt

Kleider machen Leute

Der lose Knopf, die fleckige Krawatte, die schiefen Absätze. Einmalkunden sehen Mitarbeitern Ihres Unternehmens einiges nach. Sobald jedoch ersichtlich ist, dass die unsaubere Kleidung einer Person die Regel darstellt, werden Kunden abgeschreckt. Schlechte Kleidung dokumentiert eine Missachtung des Kunden und ist eine sehr negative Beziehungsaussage, die verhindert, dass sich die Beziehung festigt. Besonders in hygienesensiblen Servicebereichen (Lebensmittel, Pflege etc.) ist peinlich saubere Kleidung ein Muss.

Da Sie nicht wirklich wissen können, worauf Ihr Kunde „allergisch" reagiert, ist es sinnvoll, sich seiner Kleidung und seines Stils so bewusst wie möglich zu sein.

Signale der Körpersprache

Werden Sie sich Ihrer Körpersprache bewusst. Durch eine angenehme und offene Körpersprache machen Sie es Ihren Kunden einfach, wiederzukommen. Die Körpersprache kann sich ganz unterschiedlich auswirken und wirkt oftmals unbewusst auf den Gesprächspartner.

Lächeln

Ein altes Sprichwort lautet *Wer nicht lächeln kann, sollte keinen Laden eröffnen.* In abgewandelter Form heißt dies: Jeder Mitarbeiter mit Kundenkontakt sollte imstande sein, seinem Gegenüber ein Lächeln zu schenken. Seien Sie sich bewusst: Sie halten mit Ihrem Gesicht dem anderen einen Spiegel vor und signalisieren, was Sie von seinen Aussagen oder seinem Auftreten halten. Ein Lächeln kann eine angespannte Atmosphäre entspannen und versöhnlich wirken.

Blickkontakt

Achten Sie darauf, den Anderen nicht anzustarren. Viele Menschen sind nicht imstande, dem Anderen länger in die Augen zu sehen. Zwingen Sie sie nicht dazu, indem Sie zu intensiven Blickkontakt halten.

Distanz

Oftmals reagieren wir instinktiv mit Flucht, wenn uns der Andere zu nahe kommt. Zu nahe kommen Verkäufer ihrem Gesprächspartner, wenn sie ungefragt den Aktenkoffer auf den Tisch stellen, Prospekte auf dem Schreibtisch des Gesprächspartners ausbreiten oder ihm gar auf die Schulter klopfen. Achten Sie darauf, dem Gesprächspartner Raum zu geben – er wird von selbst auf Sie zukommen, sollten Ihre Argumente überzeugen.

Gestik

Die oft nur unbewusst wahrgenommenen körpersprachlichen Signale unseres Gegenübers beeinflussen unsere Wahrnehmung positiv oder negativ.

Zeigen Sie eine offene Gestik und signalisieren Sie Ihrem Gesprächspartner damit Offenheit.

Kindern wird oft gesagt, sie sollten nicht mit dem Finger auf andere Menschen zeigen. Für Erwachsene gilt dies auch für den Schreibstift. Gewöhnen Sie es sich an, darauf zu achten, was Sie mit Ihrem Schreibstift machen.

Beobachten Sie selbst: Was fällt Ihnen persönlich bei Unterhaltungen mit Gesprächspartnern positiv oder negativ auf? Erkennen Sie bei sich ähnliche Verhaltensweisen, versuchen Sie diese abzustellen.

Kommunikationsbereich Öffentlichkeitsarbeit

Neben der Möglichkeit, direkt mit Ihren Kunden Kontakt aufzunehmen, können Sie auch indirekt auf Ihre Kunden einwirken. Sie können ihre Entscheidungen durch gezielte Öffentlichkeitsarbeit und Public Relations beeinflussen. Sorgen Sie dafür, dass Sie positiv im Gespräch sind und dass über Sie geredet wird.

Bilden Sie einen Kundenbeirat!

Der Zweck eines Kundenbeirats besteht darin, zwischen dem Unternehmer und einer Gruppe ausgewählter Kunden einen ständigen Dialog aufrechtzuerhalten. Der Kundenbeirat wird vom Unternehmen eingeladen, um die Produkte oder Dienstleistungen kritisch zu kommentieren. Einerseits erfährt so das Unternehmen auf schnelle und kostengünstige Art von Verbesserungsmöglichkeiten, und andererseits bietet ein Kundenbeirat eine hervorragende Möglichkeit, Kunden zu binden und für Mundpropaganda zu sorgen.

Wichtig ist der rechtzeitige Wechsel der Mitglieder, denn so sorgen Sie dafür, dass immer wieder neue Sichtweisen eingebracht werden. Üblicherweise gehören Kunden einem Kundenbeirat zwischen sechs Monaten und drei Jahren an.

Oftmals werden Sitzungen des Kundenbeirats von einem neutralen Moderator geleitet. Wichtig sind regelmäßige Treffen und ein angemessenes Budget für Reisen und Spesen der Mitglieder.

Herr Meier ist Rentner und seit zwei Monaten Mitglied im Kundenbeirat seines Supermarkts. Schon dreimal hat sich die Gruppe für einige Stunden getroffen und über Verbesserungs-

möglichkeiten diskutiert. Einerseits macht es Herrn Meier Spaß, sich zu engagieren und besonders auf die Schwierigkeiten älterer Menschen hinzuweisen, andererseits freut er sich, als Kundenbeirat ein kleines Taschengeld für seine Mühe zu bekommen. Er ist positiv überrascht, wie viele der Verbesserungsvorschläge schon umgesetzt wurden: die größere Beschriftung im Eingangsbereich, die Infotheke und noch vieles mehr. Natürlich fühlt sich Herr Meier jetzt mit „seinem" Unternehmen besonders verbunden, und er prüft bei jedem Einkauf, was noch optimiert werden kann.

Beispiel: Auszug aus der Satzung des Kundenbeirats der STRATO AG

§1 Aufgaben: Der Kundenbeirat der STRATO AG vertritt die Interessen der Kunden und berät den Vorstand der STRATO AG. Durch die Arbeit des Kundenbeirates wird die Serviceorientierung der STRATO AG wesentlich gestärkt und ein weiterer Ausbau der Marktposition von STRATO unterstützt.

Ein Kundenbeirat ist nicht nur für Großunternehmen geeignet, sondern auch für kleinere Betriebe. Ein Kundenbeirat braucht auch nichts Hochoffizielles sein, denn oftmals genügt es, einige Stammkunden regelmäßig für ein paar Stunden zu sprechen.

Metzger Fuchs hat seit kurzem einen Kundenbeirat. Natürlich würde er das Gremium nie so nennen. Seine Bezeichnung lautet: Stammkundentreff. Im Verkaufsraum hatte er einen Aushang gemacht und einzelne Kundinnen darauf angesprochen. Tatsächlich hatten sich sechs Personen gefunden. Jetzt treffen sie sich einmal im Monat, um in geselliger Runde zwei Stunden lang Verbesserungsideen einzubringen, neue Wurstsorten zu testen und sich einfach nur auszutauschen. Herr Fuchs achtet besonders darauf, dem ganzen Treffen auch einen organisatorischen Rahmen zu geben: Es dauert immer exakt zwei Stunden.

Beeinflussen Sie Meinungsbildner!

Viele Kunden lassen sich stark durch Meinungsbildner beeinflussen. Entscheiden sich diese für ein bestimmtes Unternehmen oder bevorzugen diese ein bestimmtes Produkt, dann werden sich schnell auch Nachahmer finden, die sich an deren Entscheidungen orientieren. Vor allem für Betreiber von Bars, Diskos und Lounges sowie Anbieter, die von bestimmten Trends abhängen, ist dies eine Binsenweisheit. Dort kann es für ein Geschäft geradezu tödlich sein, wenn Meinungsführer sich für einen Mitbewerber entscheiden. Wenn die Meinungsbildner in einen anderen Club gehen, bleibt plötzlich ein Teil der Kundschaft aus.

Diesem Schwund lässt sich natürlich begegnen: Da wird eine Club-Card ausgegeben, erhalten ausgewählte VIP-Kunden besondere Einladungen und so weiter und so fort. Es ist tatsächlich eine einfache und günstige Methode, um ganze Kundengruppen anzugehen. Binden werden Sie die einzelnen Kunden jedoch nicht, daher laufen Sie Gefahr, durch den Verlust eines Meinungsführers ganze Teile der Kundschaft zu verlieren.

Überlegen Sie selbst:

- Wer ist ein Meinungsbildner für mein Unternehmen?
- Wen sollte ich vordringlich als Kunden gewinnen?
- Das Erfolgsrezept einiger Unternehmen bestand darin, dass sie ihre Produkte an Meinungsbildner verschenkt haben. Was können Sie daraus lernen?

Vieles wird einfacher, wenn Sie einige wenige Meinungsführer gewonnen haben. Finden Sie heraus, wer für Ihr Unternehmen ein solcher Meinungsführer oder Meinungsbildner ist!

Meinungsbildend können neben konkreten Personen natürlich auch Medien wirken. Haben Sie Kontakte zu einer regionalen Zeitung oder einem Regionalsender? Wenn es Ihnen gelingt, dort einen Bericht über Ihr Unternehmen zu platzieren, kann Ihnen das neue Kunden zuführen und vorhandene Kunden in ihrer Wahl bestätigen.

Betreiben Sie Networking und Beziehungsmanagement

Networking ist eine methodische und systematische Art des Beziehungsaufbaus und der Beziehungspflege, die in der Absicht der gegenseitigen Förderung, des Austauschs und des persönlichen Vorteils geschieht.
Networking bedeutet:

- Kontakte und Beziehungen aktiv herbeizuführen.
- Interesse an anderen Menschen zu haben und Anteilnahme zu zeigen.
- Gespräche mit anderen zu führen und Spaß daran zu haben.
- Informationen über alles und jeden zu sammeln.
- Den Austausch von Hilfe und Unterstützung zu praktizieren.
- Beziehungen zu pflegen und langfristig zu gestalten.

Bauen Sie sich ein Kontaktnetz auf, in dem alle Beteiligten voneinander profitieren. Im Rahmen eines solchen Kontaktnetzes lassen sich auch feste Kooperationen vereinbaren.
Networking ist keine Strategie für schnelle Erfolge. Nur wer über Kontakte langfristig Beziehungen aufbaut, wird auch davon profitieren können. Entscheidend ist, dass Sie Ihr Gegenüber nicht zu manipulieren versuchen.

Auf den Punkt gebracht

Dialogorientierte Kundenkommunikation als Schlüssel für emotionale Kundenbindung

- Achten Sie auf Ihr Corporate Design: Ein einheitlicher Unternehmensauftritt über alle Kommunikationsinstrumente hinweg ist Ihre unverwechselbare Visitenkarte.
- Über Direkt-Mailings halten Sie Kontakt und signalisieren Ihren Kunden Interesse.
- Personalisieren Sie Unterlagen und Geschenke und schaffen Sie so eine individuelle Beziehung.
- Nutzen Sie das interaktive Medium Internet, um mehr über Ihre Kunden zu erfahren und in einen individuellen Dialog mit ihnen zu treten.
- Durch einen Newsletter per E-Mail verteilen Sie günstig aktuelle Information.
- Per Telefon lässt sich unmittelbar ein direkter Dialog herstellen.
- Im persönlichen Gespräch können Sie einen echten Kontakt zu Ihren Kunden aufbauen.
- Warten Sie nicht, bis im Laufe der Zeit eine Beziehung entstanden ist, sondern nutzen Sie schon den ersten Kundenkontakt, um aktiv eine Beziehung aufzubauen.
- Der Name Ihres Kunden und ein gekonnter Smalltalk können Türöffner für eine persönliche Beziehung sein.
- Nutzen Sie offene, geschlossene und Alternativfragen, um Kundengespräche zu steuern.
- Lassen Sie sich von zufriedenen Kunden weiterempfehlen.
- Achten Sie auf Ihr Auftreten und Ihre Körpersprache.
- Betreiben Sie Öffentlichkeitsarbeit, um Meinungsbildner positiv zu beeinflussen.

3 Menschen verstehen – Kunden verstehen

Psychologische Faktoren der Kundenbindung

Eine der interessantesten Fragen, die Ihnen als Unternehmer oder Verkäufer begegnen kann, lautet: *Warum eigentlich kaufen Kunden mein Produkt oder meine Dienstleistung?* Kunden haben oft keinen wirklichen Bedarf, sondern ein Bedürfnis, etwas zu kaufen. Indem Sie dieses Bedürfnis befriedigen, sorgen Sie dafür, dass sich Ihre Kunden wohlfühlen. Machen Sie sich mit den psychologischen Faktoren vertraut, die es Ihnen erleichtern, Ihre Kunden zu binden.

Achten Sie auf die Sach- und die Gefühlsebene!

Natürlich kommen Kunden wieder, wenn der Nettonutzen überwiegt. Doch diese Nutzenabwägung geschieht meist nicht auf einer rein sachlichen Ebene, sondern beruht oft auf einer Bauchentscheidung. Sorgen Sie dafür, dass Ihre Kunden ein gutes Gefühl haben. Denn Ihre Kunden sollen wieder kaufen. Die Sachebene beeinflussen Sie beispielsweise durch Nutzenargumentation. Aber auch die Gefühlsebene sollten Sie versuchen zu beeinflussen.

> Endkunden treffen im Schnitt 80 Prozent der Kaufentscheidungen nicht nach sachlicher Abwägung, sondern nach Gefühl.

Sie möchten Kunden zu einer Kauf- oder Wiederkaufentscheidung bewegen. Dies bedeutet Einfluss nehmen. Ein mögliches Nein des Kunden in ein Ja zu verwandeln. Machen Sie es Ihren Kunden so einfach wie möglich, sich für einen Wiederkauf zu entscheiden: mit den passenden psychologischen Modellen, die ihnen Handlungsanweisungen für den Alltag geben.

Bieten Sie Problemlösungen und Kundennutzen

Was können Sie besonders gut für Ihre Kunden tun?

Welche Gründe ein Kunde auch immer hat, Ihr Produkt oder Ihre Dienstleistung zu wählen, entscheidend ist die Frage, was es ihm bringt.

Bieten Sie also vor allem Lösungsmöglichkeiten für Kundenprobleme. Ein kundenorientiertes Unternehmen konzentriert sich nicht auf seine eigenen Produkte oder Dienstleistungen, sondern auf die Bedürfnisse und Wünsche seiner Kunden.

So verkauft ein Hersteller seinen Businesskunden keine Maschinen, sondern die Möglichkeit, zusätzlich Geld zu verdienen, Personal einzusparen oder das Herstellungsrisiko zu verkleinern etc. Einem Endverbraucher geht es oft nicht so sehr um die Ware als solche, sondern um die Möglichkeit, Ansehen zu gewinnen, Geld zu sparen, Freunde zu gewinnen, etwas zu erleben und vieles mehr. Denken Sie an die vielen Werbespots, die sehr oft kaum mehr etwas mit dem eigentlichen Produkt zu tun haben.

> Ein Kunde kauft keine Bohrmaschine, sondern die Löcher in der Wand! ... und manchmal auch die Illusion, ein begnadeter Handwerker zu sein.

Neben grundsätzlichen Überlegungen zum Kundennutzen ist es wichtig zu überlegen, wie Sie Ihrem Kunden diesen Nutzen im Verkaufsgespräch oder einer Präsentation konkret vermitteln können.

- Ermitteln Sie für den Kunden nützliche Produkteigenschaften (und natürlich auch Unternehmenseigenschaften).
- Finden Sie heraus, was diese Eigenschaft dem Kunden bringt.
- Formulieren Sie einen ganzen Satz, indem Sie die Eigenschaft und den Nutzen mit Brückenwörtern wie „daher", „das hat den Vorteil" oder „dadurch" verbinden.

Das Fahrzeug ist mit einem Rußpartikelfilter ausgestattet. Das hat für Sie den Vorteil, dass Sie etwas für die Umwelt tun und gleichzeitig auch noch deutlich bei der KFZ-Steuer sparen.
Wir bieten Ihnen einen Vorort-Service an, dadurch können Sie einfach weiterarbeiten und brauchen nicht tagelang auf eingeschickte Zubehörteile warten.
Wir sind ein recht kleines Unternehmen, daher können wir sehr flexibel auf Ihre Wünsche eingehen.

Fragen an Sie und Ihr Unternehmen:
- Wo können Sie Ihren Kunden einen (echten) Nutzen bieten?
- In welchen Situationen machen Sie den Kundennutzen besonders deutlich?
- Können Sie aus dem Stand fünf Eigenschaften Ihrer Produkte oder Dienstleistung nennen und deren Nutzen für Ihren Kunden formulieren?

Führen Sie einen Nutzen-Workshop mit allen Mitarbeitern durch. Sie werden überrascht sein, durch welch unterschiedliche Leistungen Ihr Unternehmen den Kunden einen Nutzen bieten kann.

Konzentrieren Sie sich auf Ihre Stärken. Führen Sie den Kunden diese Vorteile vor Augen. Vergleichen Sie sich mit anderen Unternehmen Ihrer Branche. In einigen Punkten sind Sie sicherlich herausragend. Auf diese Punkte sollten Sie Ihr Augenmerk richten, da sie Ihre einzigartige Verkaufsvoraussetzung, die Unique Selling Proposition (USP), darstellen (siehe auch Kapitel 4, Abschnitt „Machen Sie sich unverwechselbar"). Arbeiten Sie daher Ihre USP heraus, die natürlich am Kundennutzen orientiert ist.

> Machen Sie sich bewusst, wo Ihre einzigartigen Stärken liegen, und vermitteln Sie diese dann Ihren Kunden. Klappern gehört zum Handwerk!

Aus welchen Gründen kaufen Ihre Kunden?

Wir tun oder lassen nichts ohne Grund. Natürlich gibt es viele Gründe, weswegen sich Kunden bestimmte Produkte kaufen oder Dienstleistungen in Anspruch nehmen. Aber wenn Sie die Gründe hinter einem Kauf kennen, dann haben Sie die Möglichkeit, Ihre Kunden noch besser anzusprechen, besser zufriedenzustellen und letztlich noch besser zu binden.

Vielfach über den unmittelbaren Produktnutzen hinausgehende Motive, die hinter einem Kaufinteresse stehen, könnten sein:

Gewinnstreben

Mögliche Fragen Ihrer Kunden: Wie vermeide ich Kosten? Wie erhöhe ich meinen Gewinn? Beispiele: Durch ein spezielles Verfahren kann das Produkt mit 10 Prozent weniger Energie hergestellt werden. Oder: Der günstige Spritverbrauch der neuen Firmenwagen senkt die Gemeinkosten.

Sicherheitsstreben

Mögliche Frage Ihrer Kunden: Wie erwerbe ich Sicherheit? Der Kunde entscheidet sich nicht wegen seiner stärkeren Maschine für den teureren Wagen, sondern wegen des Seitenaufprallschutzes.

Bequemlichkeitsstreben

Mögliche Frage Ihrer Kunden: Wie kann ich unnötigen Aufwand vermeiden und es mir so einfach wie möglich machen? Beispiele: Der Lieferservice, der mir alles direkt ins Haus bringt. Die Einkaufsmöglichkeit mit Kinderbetreuung für gestresste Mütter.

Gesundheitsstreben

Mögliche Fragen Ihrer Kunden: Wie kann ich gesund leben? Wie kann ich Krankheiten vorbeugen? Beispiele: Lebensmittel aus kontrolliert ökologischem Anbau, schadstofffreie Möbel.

Streben nach sozialer Verantwortung

Mögliche Fragen Ihrer Kunden: Wo kann ich Verantwortung übernehmen? Wie kann ich vermeiden, unsozial zu erscheinen? Beispiele: Kosmetikprodukte ohne Tierversuche oder Gartenmöbel aus aufgeforstetem Tropenholz.

Neugierde und Entdeckungslust

Mögliche Fragen Ihrer Kunden: Was ist das Neue daran? Wie funktioniert das genau? Beispiel: Pinienzapfen, die zum „Selbstpflücken" der Pinienkerne im Supermarkt verkauft werden.

Prestigestreben

Mögliche Fragen Ihrer Kunden: Wie kann ich mein Prestige steigern? Ist das Produkt oder die Dienstleistung gerade in?

Oftmals kann dasselbe Produkt bei unterschiedlichen Kunden unterschiedliche Bedürfnisse decken. Motiv für den Kauf eines Luxuswagens kann Prestige-, Bequemlichkeits- oder Sicherheitsstreben sein. Je genauer Sie wissen, welches Bedürfnis Ihres Kunden beim Kauf Ihres Produkts oder Ihrer Dienstleistung befriedigt wird, desto gezielter können Sie Ihre Kunden darauf ansprechen. Ist das Kaufmotiv eindeutig identifiziert, dann sollten Sie dies unbedingt in Ihre Kundendatenbank aufnehmen (siehe Kapitel 4, Abschnitt „Die richtigen Kunden binden").

Unterschiedliche Kundentypen haben unterschiedliche Bedürfnisse

Um zu erkennen, welchen Nutzen Sie Ihren Kunden stiften können, ist es auch sinnvoll, zwischen verschiedenen Kundentypen zu differenzieren. Menschen unterscheiden sich. Und deswegen sollten sich auch Kundenbindungsmaßnahmen unterscheiden. Überlegen Sie selbst, wie Sie Ihre Kunden klassifizieren können und möchten. Sicherlich kennen Sie die Einteilung in introvertierte und extrovertierte

Menschen. Einem introvertierten Menschen tun Sie keinen großen Gefallen, wenn Sie ihn auf eine fetzige Party einladen. Er wird sich vielleicht viel wohler fühlen, wenn Sie ihm an Weihnachten ein interessantes Buch schenken.

Es gibt eine unüberschaubare Anzahl von Modellen, die Kundentypen beschreiben. Machen Sie sich bewusst, dass jedes Modell seine Stärken und Schwächen hat.

Von den vielen Möglichkeiten und Modellen Kundentypologien vorzunehmen, soll hier nur eine exemplarisch vorgestellt werden.

Beispiel für eine Klassifizierung von Kunden nach unterschiedlichen Farben:

- Rot-Komponente: Diese Kunden streben nach Wettbewerb. Nur der Augenblick, die Gegenwart zählt. Bieten Sie diesen Kunden Aktivität und Dynamik an. Geben Sie diesen Kunden Gelegenheit, sich zu beweisen und zu gewinnen. Beispiele hierfür sind: Kundenolympiaden, Verlosung einer Ferrarifahrt für einen Tag und vieles mehr.
- Grün-Komponente: Diese Kunden möchten mit anderen Menschen in Kontakt sein, sich austauschen und plaudern. Starke Veränderungen oder zu viel Neues ist diesen Menschen suspekt. Lieber handeln sie aus Erfahrung. Bieten Sie diesen Kunden Gelegenheit, sich mit anderen Kunden zu treffen. Dies kann das gemeinsame Christbaumschlagen im Winter sein, eine Busreise des Kundenclubs, oder Sie organisieren andere gesellige Aktivitäten.
- Blau-Komponente: Kunden mit einer hohen Blau-Komponente sind eher zurückhaltend. Oftmals sind sie nicht sehr an anderen Menschen und deren Bedürfnissen interessiert. Bieten Sie diesen Kunden Denkanstöße. Diese Kunden sind sicherlich mit einem guten Buch besser bedient als mit einem Wettschießen. Solche Kunden können Sie an sich binden, indem Sie sie immer mit aktuellen Informationen und Zeitungsausschnitten versorgen.

Seit Ende letzten Jahres macht sich Benno Schulz den Spaß, seine Kunden nach ganz einfachen Kriterien in – wie er es sagt – Schubladen zu stecken. Er ist sich bewusst, dass dies eine grobe Vereinfachung darstellt. Und dennoch: Seit er ganz bewusst für unterschiedliche Kundentypen unterschiedliche Kundenbindungsmaßnahmen nutzt und sich wirklich Gedanken darüber macht, wer seiner Kunden überhaupt Interesse an dem alljährlichen Umtrunk hat, erhält er deutlich mehr Rückmeldung.

Übertreffen Sie Kundenerwartungen und wecken Sie Begeisterung

Kunden haben Erwartungen. Diese können sich auf das Produkt, die Dienstleistung oder den Service beziehen. Kundenbegeisterung und damit eine echte Kundenbindung können Sie nur erreichen, wenn die Erwartungen Ihrer Kunden nicht nur erfüllt, sondern übertroffen werden. Natürlich kann es sich kein Unternehmen leisten, alle Erwartungen zu übertreffen.

> Konzentrieren Sie sich auf einige wenige Erwartungen, die Sie dann allerdings deutlich übertreffen können. Konzentration statt Verzettelung!

Viele Unternehmen haben eine vermeintlich genaue Einschätzung bezüglich der Wünsche ihrer Kunden. Diese deckt sich jedoch vielfach nicht mit den tatsächlichen Wünschen der Kunden.

Sie ermitteln Kundenerwartungen, indem Sie ...

- Ihren Kunden aufmerksam zuhören,
- Ihre Kunden direkt nach ihren Erwartungen fragen,
- Ihre Kunden mit ihren Bedürfnissen ernst nehmen,
- auch offen sind für Antworten, die Sie nicht hören möchten,
- Ihre Mitbewerber beobachten.

Achten Sie darauf, dass Sie die Kundenerwartungen messbar machen. Es nützt beispielsweise einem Schreiner nicht viel, wenn er schreibt: *Die Kunden erwarten möglichst schnell ein Angebot.* Besser ist folgende Formulierung: *Die Kunden erwarten, dass mein Angebot innerhalb einer Woche vorliegt.* Der Schreiner übertrifft also die Erwartungen, wenn der Kunde das Angebot bereits am nächsten Tag vorliegen hat.

> Formulieren Sie Kundenerwartungen so, dass sie messbar sind. Denn nur was konkret messbar ist, kann übertroffen werden.

Tipp: Sammeln Sie in einem ersten Brainstorming alle Erwartungen, die ein Kunde an Ihr Unternehmen haben kann. Erst in einem zweiten Schritt strukturieren und sortieren Sie diese Erwartungen.

Kundenerwartungen übertreffen: je konkreter desto besser

Kundenerwartung	Möglichkeit, Erwartung zu übertreffen
Unterlagen nach einer Woche	Unterlagen schon nach zwei Tagen
Angebot nach drei Tagen per Fax	Angebot noch am selben Tag per Fax oder E-Mail
Handwerker hinterlassen Schmutz und Unordnung	Handwerker kommen mit dem Staubsauger und hinterlassen die Arbeitsstelle sauberer, als sie vorher war
Der Rechnungsbetrag übersteigt den Kostenvoranschlag	Der Rechnungsbetrag ist niedriger als der Kostenvoranschlag
Wartungsintervalle von 6 Monaten	Wartungsintervalle von 3 Monaten

Erfüllen Sie Sonderwünsche

Jeder Kunde möchte etwas Besonderes sein. Seien auch Sie als Unternehmen etwas Besonderes, indem Sie Ihren Kunden auch Sonderwünsche erfüllen. Zusätzlich zu einer standardisierten Produktpalette sollten Sie die Bereitschaft signalisieren, auf Sonderwünsche einzugehen. Winken Sie keinesfalls sofort ab. Prüfen Sie in jedem Fall das Anliegen der Kunden, und wenn Sie feststellen, dass Sie nicht imstande sind, den Sonderwunsch zu erfüllen, teilen Sie dies dem Kunden mit einer Begründung mit.

Kleine Geschenke erhalten die Freundschaft

Bleiben Sie bei Ihren Kunden mit kleinen Geschenken in Erinnerung. Besser als ein großes Geschenk an Weihnachten wirken kleine nützliche, interessante oder einfach nette Geschenke, die auch überraschend sein dürfen.

Wenn Sie vorwiegend per Post mit Ihren Kunden in Kontakt sind, überlegen Sie, was Sie einem Produktkatalog oder einem schriftlichen Angebot beilegen können.

Wenn Sie direkten Kundenkontakt haben, dann überlegen Sie, was Sie Ihren Kunden mit auf den Weg geben können. Es kann durchaus ein Kugelschreiber sein, ein Notizblock, auf dem im Beratungsgespräch Ideen notiert wurden. Besonders Kinder werden sich noch ganz genau daran erinnern, wenn Sie auch an sie gedacht haben.

> Achten Sie darauf, dass Sie eine nette Geste zeigen und nicht in den Verdacht geraten, den Kunden bestechen zu wollen.

Anregungen für Werbegeschenke bieten Ihnen Werbemittelkataloge, bei denen Sie aus vielen tausend Werbegeschenken auswählen können. Es gilt jedoch die Regel: Je stärker das Werbegeschenk mit Ihrem Unternehmen zu tun hat, desto besser. Also: im Reisebüro der Urlaubsplaner, beim Architekten Bauklötze, beim Metzger die berühmte Scheibe Lyonerwurst etc.

Herr Müller ist Versicherungsmakler. Seine Kunden betreut er regelmäßig durch Schreiben, in denen Aktuelles und Interessantes erwähnt wird. Jedem Schreiben liegt eine Packung Gummibärchen bei. So kann er sicher sein, dass seine Schreiben zumindest geöffnet werden. Ursprünglich hatte er im Winter kleine Schokonikoläuse beigelegt. Einige Kunden hatten jedoch die Post auf der Heizung abgelegt. Mit dem Ergebnis, dass die Schokoladenmasse aus dem Brief herausquoll und er einige verärgerte Anrufe bekam.

Da er schnell reagierte, konnte er nach dieser ersten missglückten Werbeaktion alle Kunden halten: In einem zweiten Schreiben wurden alle Kunden eingeladen, als Wiedergutmachung einen Riesennikolaus abzuholen – beim Café Schmidt nebenan. Das hat Herrn Müller gar nicht so viel gekostet, weil das Café sich an der Aktion beteiligte – schließlich bot sich hier die Chance, neue Kunden zu gewinnen.

Akzeptieren Sie auch ein Nein des Kunden

Wer die Tür zum Kunden zuschlägt, braucht sich nicht zu wundern, wenn dieser nicht wiederkommt. Diese Tür wird auf vielerlei Weise zugeschlagen: Da zeigt der Verkäufer seine Enttäuschung über einen nicht getätigten Abschluss überdeutlich. Ein anderer Mitarbeiter gibt dem Kunden durch die Blume zu verstehen, dass dieser zu dumm sei, das „doch hervorragende" Angebot zu verstehen.

Kundenbindung bedeutet, die Tür zum Kunden offen zu lassen und auch ein Nein zu akzeptieren. Dass der Kunde jetzt nicht bei Ihnen kauft, kann viele Gründe haben. Im Idealfall können Sie diese durch ein Gespräch herausfinden. So haben Sie Rückmeldung und können Ihre weitere Vorgehensweise verbessern.

> Kunden, die sich zu einem Abschluss genötigt fühlen, werden kein Vertrauen mehr zu Ihnen haben und nicht wiederkommen.

Bedrängen Sie Ihren Gesprächspartner nicht, sondern geben Sie ihm zu verstehen, dass Sie gern jetzt mit ihm zusammengekommen wären. Formulieren Sie dies nicht als Vorwurf, aggressiv oder gar beleidigend. Signalisieren Sie, dass Sie seine Entscheidung akzeptieren, und drücken Sie die Hoffnung auf eine Zusammenarbeit bei der nächsten Entscheidung aus. Ein Nein ist nie endgültig. Der Kunde sollte immer das Gefühl haben, beim nächsten Mal ohne Schuldgefühle und ohne Reue auf Sie zurückkommen zu können.

Formulierungen, die Ihnen helfen, die Tür offen zu halten:
Schade, dass Sie sich schon anderweitig entschieden haben, Herr Maier! Geben Sie uns doch einfach Bescheid, wenn wieder etwas ansteht! Wir sind dann gerne für Sie da.
Herr Wolf, es ist schön, dass Sie uns so ehrlich sagen, dass die Entscheidung auf einen Mitbewerber gefallen ist. Dies ist zwar schade, jedoch ist klar, dass wir nicht der einzige Anbieter sind. Werden Sie uns bei einer erneuten Anfrage wieder kontaktieren?
Herr Baum, ich akzeptiere Ihre Entscheidung, auch wenn es mir schwerfällt, da ich überzeugt bin, dass unsere Lösung für Sie das Optimum darstellt. Falls Sie sich doch noch anders entscheiden, freuen wir uns natürlich über eine Rückmeldung.
Schade, dass heute nichts Passendes für Sie da war. Schauen Sie doch einfach bei Gelegenheit wieder vorbei. Sie wissen ja, wir haben immer wieder Neuigkeiten.

Eine Kundenbeziehung kann nicht nur aus lauter Erfolgserlebnissen bestehen. Wenn Sie ein Nein des Kunden akzeptieren, dann signalisieren Sie, dass Ihre Beziehung mehr wert ist als ein schneller Auftrag.

Begegnen Sie der Kaufreue Ihrer Kunden

Viele Kunden kommen nach dem Kauf in eine Art Katerstimmung, auch Kaufreue genannt. Bei nochmaligem Überdenken des Kaufs scheinen dem Kunden dann die Vorzüge seiner Neuerwerbung doch nicht mehr so stichhaltig, wäre der Kauf bei einem Konkurrenzanbieter vielleicht doch besser gewesen, hätte er vielleicht doch noch das Folgemodell abwarten sollen ... In einer solchen Phase der Kaufreue braucht Ihr Kunde Ihre Unterstützung und Bestätigung. Andernfalls besteht die Gefahr, dass er sich noch im Nachhinein übervorteilt oder schlecht beraten fühlt, was die Kundenbeziehung nachhaltig verschlechtern könnte.

Eine der wichtigsten kommunikationspolitischen Aufgaben des Kundenbindungsmanagements besteht daher darin, der Kaufreue zu begegnen. Ziel ist die Verbreitung von kaufbestätigenden Informationen.

Weit verbreitet sind beigelegte Kärtchen in der Art *Herzlichen Glückwunsch zum Kauf dieses Qualitätsprodukts!* oder *Schön, dass Sie sich für uns als Hersteller entschieden haben. An diesem Produkt werden Sie noch lange Freude haben.* Sinnvoller als diese vollmundigen, aber leeren Worte sind dagegen Kärtchen bzw. Gebrauchsanweisungen, die nochmals gezielt den Kundennutzen in den Vordergrund stellen.

Grundsätzlich können Sie sämtliche Kundenbindungsinstrumente zur Vermeidung der Nachkaufsdissonanzen benutzen, z. B. Kundenkarten, Kundenzeitschriften, Telefonmarketing, Event-Marketing oder Direkt-Mailing.

Herr Maier hat beim Fachhändler einen Computer erworben. Zugegeben: Er war etwas teurer als beim Discounter, doch ist sich Herr Maier sicher, hier neben einer guten Qualität einen guten Support erworben zu haben. Oder etwa doch nicht? Bevor ihm erste Zweifel kommen, klingelt das Telefon. Der Händler ist am Apparat und erkundigt sich, ob alles in Ordnung sei und wie der Computer samt Drucker funktioniere. Herr Maier freut sich über den Anruf. Tatsächlich ist alles in bester Ordnung, doch der persönliche Anruf des Händlers gibt ihm das gute Gefühl, tatsächlich einen guten Kauf gemacht zu haben. Frau Schmidt hat eine Kaffeemaschine gekauft. Nachdem sie sie schon einige Tage in Gebrauch hat, erhält sie Post. In einem kurzen Anschreiben wird ihr nochmals zum Kauf der Maschine gratuliert, und beigelegt findet Frau Schmidt noch Zusatzinformationen, die ihr die Handhabung des Geräts erleichtern sollen. Die kostenlose Servicenummer für Fragen, Beschwerden oder Anregungen wird ihr nochmals in Erinnerung gerufen. Auch ein Bewertungsbogen liegt bei. Frau Schmidt füllt den Bogen aus, denn schließlich kostet sie das nur zwei Minuten, und sie hat die Chance, an einer Verlosung teilzunehmen. Der Kauf bleibt ihr so in guter Erinnerung, und der Hersteller hat die Chance, bei einer Reklamation sofort zu handeln.

Gebrauchsanweisungen führen oftmals ein Schattendasein. Dabei sind sie die beste Möglichkeit, dem Kunden nochmals die Vorzüge und den Nutzen seiner Neuerwerbung vor Augen zu führen und so einer Kaufreue vorzubeugen.

Achten Sie auf die Reaktanzfalle!

Steter Tropfen höhlt den Stein, sagen sich die Werbeleute und bleiben unentwegt dran an den Kunden. Das hat sicher seine guten Gründe, und trotzdem ist dabei Vorsicht geboten. Denn Menschen wollen unabhängig und frei entscheiden – auch als Kunden. Und wenn Menschen ihre Freiheit bedroht sehen, neigen sie zur Rebellion. Diese Kehrtwende in Einstellungen und Verhalten nennt man in der Psychologie Reaktanz.

Wenn Sie Ihre Kunden also zu stark umwerben, kann deren positive Einstellung zu Ihrem Unternehmen umschlagen und sich ins Gegenteil verkehren. Wilhelm Busch hat dies treffend formuliert: *Man spürt die Absicht und ist verstimmt.* Unternehmen wollen Gewinn machen. Das wissen Sie, und

Ihre Kunden wissen das auch. Gehen Sie deshalb mit Gratisangeboten sparsam um. Viele Kunden fragen sich *Wo ist der Haken?* und vermuten eine Falle oder einen Köder. Wenn sie den Haken finden (oder meinen, ihn gefunden zu haben), ist das schlecht für Sie. Finden die Kunden ihn nicht (oder gibt es wirklich keinen), dann kann trotzdem die Transparenz der Preise und Konditionen in Frage gestellt sein. Damit verunsichern Sie Ihren Kunden, und Sie geben ihm das Gefühl, Ihnen nicht mehr vertrauen zu können.

> Gratisangebote brauchen gute Gründe. Finden Sie also einen passenden Grund, wenn Sie Ihren Kunden „etwas Gutes tun" möchten.

Mögliche Aufhänger und plausible Anlässe:
- Geburtstage und Jubiläen
- wichtige Unternehmensereignisse
- Treueprämien
- Sonderaktionen
- Testaktionen

Überprüfen Sie, wie Ihre Gratisangebote aus Kundensicht wirken, welche sicher Kunden binden und welche möglicherweise Kunden vergraulen. Für viele Gratisaktionen könnte das Urteil lauten: Sparen Sie Ihr Geld und behalten Sie Ihre Kunden! Gehen Sie mit Gratisangeboten sorgsam um!

Kundenwunsch: Variety Seeking

Wir alle mögen Abwechslung. Gerade in unserer Erlebnisgesellschaft. Da kann es sein, dass Kunden abwandern, obwohl Sie durchaus mit Ihnen zufrieden sind. Der Grund: Auch zufriedene Kunden suchen Abwechslung. Und genau die sollten Sie Ihren Kunden auch bieten.
Dem Phänomen des Variety Seeking wird oft durch eine Variation der Produktpalette begegnet.

- Der Vollkornbäcker bietet auch mal ein knuspriges Baguette an.
- Der Metzger richtet eine italienische Woche aus.
- Das Fitness-Studio macht Wellness-Angebote.

Warum ist das so? Weil bei aller Zufriedenheit mit einem Vollwertbäcker das Vollkornbrot auf die Dauer langweilig wird, der Kunde dann zum „Normalbäcker" geht und möglicherweise nicht wiederkommt. Oder Kunden gehen in den italienischen Supermarkt und kaufen dort die Salami – und Schinken dann gleich mit. Und wieder hat der Metzger ein Marktsegment verloren.

Dasselbe gilt auch für Autos. Fast jeder Hersteller möchte alle Segmente abdecken, damit kein Kunde zur Konkurrenz geht. Hersteller gehobener Autos bieten immer mehr auch Kleinwagen an, und traditionelle Hersteller von Kleinwagen legen sich auch Autos für gehobene Ansprüche zu. Die Gefahr besteht in einer Verzettelung, einer übermäßigen Diversifikation, einem Ablenken vom Kerngeschäft.

> Kundenbindung durch Abwechslung bedeutet nicht, das Angebot ständig auszuweiten, sondern den Kunden über den Rahmen des Kerngeschäftes hinaus immer wieder einmal etwas Anderes anzubieten.

Wer sich konsequent auf sein Kerngeschäft zurückzieht, mag effizient wirtschaften, läuft aber Gefahr, dass sein Sortiment und sein Angebot langweilig werden, sodass Kunden öfter fremdgehen und schließlich ganz abwandern. Achten Sie daher darauf, auch hin und wieder Artikel oder Dienstleistungen anzubieten, die nicht Ihr Kerngeschäft darstellen, denn dadurch erzeugen Sie Spannung.

Frau Maier kauft seit Jahren im Supermarkt um die Ecke ein. Die Preise dort sind unschlagbar günstig, allerdings gibt es dort nichts Besonderes. Standardangebot halt. Hin und wie-

der geht Frau Maier in einen anderen Supermarkt, der zwar etwas teurer ist, dafür aber öfter Unerwartetes bietet: Mal gibt es eine besondere Auswahl an exotischen Früchten, mal Fischsorten, die sie noch nicht kennt. Natürlich tätigt sie bei der Gelegenheit auch gleich ihren „normalen" Einkauf – trotz der höheren Preise. Die Gefahr für den Supermarkt an der Ecke: Frau Maier kennt den Weg zur Konkurrenz, und es wird ihr immer leichter fallen, öfter mal dort vorbeizuschauen.

Bieten Sie Ihren Kunden Abwechslung. Dies bedeutet nicht, die Kunden zu verwirren, sondern ihre ganz natürliche Neugierde zu befriedigen. Die Abwechslung braucht sich nicht nur auf die Ansprache der Kunden oder die Gestaltung der Ladenlokale, Schaufenster und Produkte beziehen – es lässt sich oft sehr viel mehr verändern. Verlieren Sie aber Ihr Kerngeschäft nicht aus den Augen.

Gehen Sie aktiv auf Ihre Kunden zu

Zum Schluss dieses Kapitels noch ein Hinweis, der nicht Ihre Kunden, sondern Sie selbst betrifft: Kundenbindung bedeutet, Kontakt mit anderen Menschen aufzunehmen, zu halten und zu pflegen. Kundenbindung hat also auch immer etwas damit zu tun, wie Sie selbst wirken, welche Persönlichkeit Sie besitzen und wie Sie auf andere Menschen zugehen.

Auch wenn Sie glauben, dass Sie Kundenbindung lieber denen überlassen sollten, die kontaktfreudiger sind, sollten Sie dennoch eines bedenken: Sie selbst können sich ganz entscheidend ändern, wenn Sie nur daran glauben. Viele erfolgreiche Unternehmer flüchten sich in die Schüchternheit und glauben, dass ihnen die Fähigkeit fehlt, auf andere Menschen zuzugehen und Bindungen zu halten.

Wenn Sie sich jedoch dazu entscheiden, kein schüchterner Mensch mehr zu sein, dann sollten Sie überlegen, was Sie stattdessen sein möchten. Möchten Sie tiefe, innige Beziehungen zu anderen Menschen unterhalten? Möchten Sie im

Hintergrund bleiben, aber dennoch Beziehungen pflegen? Möchten Sie lieber ein Partylöwe sein? Alles ist möglich. Trauen Sie sich, anderen Menschen kleine Erlebnisse zu erzählen, nicht nur große Ereignisse. Sie werden überrascht sein, wie einfach es ist, mit persönlichen kleinen Erlebnissen Kontakt zu anderen Menschen zu bekommen.

Nutzen Sie einige der folgenden Übungen, um es sich zu erleichtern, noch einfacher auf Stammkunden zuzugehen und noch einfacher eine Beziehung aufrechtzuerhalten:

Erstellen Sie eine Liste mit Ihren persönlichen Stärken

Wir machen uns unsere positiven Eigenschaften viel zu wenig bewusst – gerade Eigenschaften wie Zuverlässigkeit, Ruhe, Fröhlichkeit und viele mehr sollten Ihnen vor Augen führen, wie fähig Sie sind, Kontakte zu Kunden zu halten.

Sprechen Sie andere Menschen an

Nicht nur Ihre Kunden, sondern auch wildfremde Menschen. Sie werden überrascht sein, wie schnell Sie auf diese Weise lernen, Kontakte zu knüpfen und Gespräche aufrechtzuerhalten – eine Grundvoraussetzung für erfolgreiche Kundenbindung. Gewöhnen Sie sich an, immer eine Visitenkarte oder eine Unternehmensbroschüre dabeizuhaben.

Machen Sie bewusst aus Kunden Freunde

Überlegen Sie, mit welchen Ihrer Kunden, die Sie nur beiläufig kennen, Sie eine nähere Beziehung aufbauen möchten. Schreiben Sie alles auf, was Sie über diese Person wissen und mit ihr gemeinsam zu haben glauben, z. B. die Begeisterung für eine bestimmte Sportart oder gemeinsame Bekannte. Suchen Sie näheren Kontakt, indem Sie den Kunden konkret auf eine Gemeinsamkeit oder ein für ihn interessantes Thema hin ansprechen. Möglicherweise können Sie den Kontakt auch auf außergeschäftliche Begegnungen hin ausweiten und so mehr über Ihre Kunden erfahren.

Auf den Punkt gebracht

Kunden konkreten und individuellen Nutzen stiften und immer wieder neu begeistern

- Kunden kaufen weniger Produkte und Dienstleistungen als vielmehr Problemlösungen!
- Realisieren Sie für Ihre Kunden daher immer einen ganz konkreten und möglichst individuellen Nutzen, den nur Sie und kein anderer Wettbewerber ihnen bieten kann.
- Kaufmotive müssen nicht ausschließlich im unmittelbaren Produktnutzen liegen, sondern können auch durch Gewinn-, Sicherheits-, Bequemlichkeits-, Gesundheits- und Prestigestreben, Neugier und soziale Verantwortung begründet sein.
- Unterschiedliche Kundentypen haben auch unterschiedliche Nutzenerwartungen. Versuchen Sie Ihre Kunden differenziert anzusprechen.
- Übertreffen Sie Kundenerwartungen und wecken Sie so Begeisterung für Ihr Unternehmen. Konzentrieren Sie sich dabei auf nur wenige Erwartungen, die Sie dann aber deutlich übertreffen.
- Akzeptieren Sie auch ein Nein des Kunden und versuchen Sie die Tür für weitere Abschlüsse offen zu halten.
- Begegnen Sie der Kaufreue Ihrer Kunden durch geeignete Maßnahmen wie Zusatzinformationen, Zufriedenheitsanrufe etc.
- Setzen Sie Ihre Kunden werblich nicht unter Druck (Reaktanzfalle), und versuchen Sie, Gratisangebote möglichst plausibel zu begründen.
- Bieten Sie Ihren Kunden immer wieder einmal eine Abwechslung, die Ihr Kerngeschäft variiert oder darüber hinausgeht.
- Gehen Sie aktiv auf Ihre Kunden zu. Machen Sie bewusst aus Kunden Freunde, um mehr über Ihre Kunden zu erfahren.

4 Kundenbindung hinter den Kulissen

Strategie und Organisation bilden das Fundament der Kundenorientierung

Ein noch so gutes Einfühlungsvermögen und Nachvollziehen von Kundenwünschen wird wirkungslos verpuffen, wenn die organisatorischen und strategischen Voraussetzungen nicht stimmen. Oft ist gute Vorarbeit entscheidend. Hier wird dargestellt, welche Maßnahmen wichtig sind. Und diese Maßnahmen können ganz unterschiedlich sein.

Grundsätzliche Strategien

Preis, Produkt oder Kunde?

Oftmals wird Kundenorientierung als der „Königsweg zum Erfolg" bezeichnet, als Patentlösung für alle Probleme. Aber ist dies der einzige Weg zum Erfolg? Nicht zwingend. Der Weg zum Kunden kann auch über eine Kosten- oder Produktführerschaft führen. Es geht nicht darum, in allen Disziplinen hervorragende Leistungen zu bieten. Der Versuch, dies umzusetzen, ist zum Scheitern verurteilt. Unternehmen sollten in einer der drei Disziplinen exzellent sein und in den anderen beiden mindestens Durchschnitt.

Möglichkeit 1: Kostenführerschaft

Ziel der Kostenführerschaft ist es, hinsichtlich Preis und Zutrittsbequemlichkeit in seiner eigenen Branche führend zu sein. Dies bedeutet, laufend an der Kostenminimierung und der Optimierung von Geschäftsprozessen zu arbeiten. Das Unternehmen orientiert sich in erster Linie in seiner Leistungserbringung an der Kosteneffizienz.

Alles, was nicht ein Hauptbeurteilungskriterium aus Kundensicht ist, wird standardisiert und dementsprechend kostengünstig erbracht. Auf zusätzlichen Service wird hier aus Kostengründen bewusst verzichtet.

Standardisierte Leistung in durchschnittlicher Qualität mit geringem Service zu wettbewerbsfähigen Preisen.

Billigfluglinien übernehmen die Preisführerschaft. Auf warme Mahlzeiten und andere Annehmlichkeiten wird verzichtet. Stattdessen gibt es allenfalls eine Packung Erdnüsse. Zusätzliche Getränke können gekauft werden. Dass die Flugzeuge nicht immer in Großstädten landen, ist für viele Kunden kein Hauptbeurteilungskriterium.

Möglichkeit 2: Produktführerschaft

Ziel der Produktführerschaft ist es, den Kunden die besten Produkte anzubieten. Ständige Innovationen und Verbesserungen der qualitativ hochwertigen Produkte oder Dienstleistungen sind hier unerlässlich. Durch den Innovationsvorsprung werden sowohl Produkte der Mitbewerber als auch die eigenen Produkte schnell überholt.

Qualitativ hochwertige Produkte und Dienstleistungen, die im jeweiligen Marktsegment die Innovationsspitze darstellen.

Ein Unternehmen bietet Stereoanlagen an: optisch und technisch ausgereifte Produkte, deren Qualität außer Frage steht. Ziel des Unternehmens ist es, in Sachen Klangqualität bei Verstärkern das jeweilige Referenzmodell zu bieten.

Möglichkeit 3: Kundenpartnerschaft

Unternehmen, die sich auf Kundenpartnerschaft konzentrieren, sind vor allem an der individuellen Befriedigung von Kundenbedürfnissen orientiert. Märkte werden segmentiert und Kunden individuell angesprochen. Ziel ist es, die Ansprüche jedes einzelnen Kunden zu erfüllen. Im Extremfall wird die Segmentierung bis zum individuellen Kunden reichen: One-to-One-Marketing, direkt am jeweiligen Kunden orientiert.

> Hoch individualisierte Kundenansprache, mit dem Ziel, den größtmöglichen Kundennutzen zu stiften.

Während in der Vergangenheit in der Regel Qualität und Preis die maßgebenden Kaufkriterien waren, gewinnen Faktoren wie Bequemlichkeit (Convenience), Servicefreundlichkeit, After-Sales-Betreuung, Verlässlichkeit, Erreichbarkeit etc. zunehmend an Bedeutung.

Kunden gewinnen oder Kunden binden?

Grundsätzlich unterscheiden lassen sich die offensive und die defensive Strategie der Kundenbindung. Offensive Strategien dienen dazu, neue Kunden zu gewinnen, defensive Strategien dazu, bestehende Kunden zu halten.
Wurden bis Anfang der 90er-Jahre vor allem offensive Strategien gewählt, greifen auf unseren stagnierenden Märkten immer stärker defensive Strategien.

Offensive Strategie: Neue Kunden gewinnen

Die Neukundengewinnung dient dazu, den Markt zu erweitern oder den relativen Marktanteil zu erhöhen.

Instrumente der Neukundengewinnung
- Profiverkäufer: Der klassische Weg, an neue Kunden zu kommen, besteht im Aufbau eines schlagkräftigen Außendienstes oder in der Schulung von Mitarbeitern mit Kundenkontakt. Doch gute Verkäufer zu finden, ist gar nicht einfach.
- Direkt-Mailings: Die Zahl der Direkt-Mailings steigt und steigt. Die Folge: Informationsüberlastung der Empfänger und damit Streuverluste, die von Jahr zu Jahr höher werden. Rücklaufquoten von wenigen Promille werden mittlerweile schon als Erfolg gefeiert!

- Telefonmarketing: Immer mehr Unternehmen entschließen sich dazu, den Weg der Kaltakquise zu gehen. Für viele Mitarbeiter bedeutet dies Frust und Umgang mit Ablehnung. Denn im Unterschied zum bestehenden Kunden, der gehegt und gepflegt wird, geht es hier darum, Kunden zu jagen und zu gewinnen.

Natürlich sind die unterschiedlichen Versuche, Neukunden zu gewinnen, auch von Erfolg gekrönt. Doch es geht auch einfacher und kostengünstiger: mit bestehenden Kunden Umsatz und Gewinn machen, Stammkunden länger behalten statt laufend Neukunden gewinnen.

Defensive Strategie: Bestehende Kunden binden

Wer in stagnierenden Märkten möglichst viele seiner bestehenden Kunden halten kann, hat wirtschaftlichen Erfolg. Je geringer die Abwanderung, d. h. je höher die Loyalität der Kunden, desto höher auch die Rendite des jeweiligen Unternehmens.

Und das ist die Grundregel der Kundenbindung: Stammkunden zu halten lohnt sich!

Untersuchungen haben ergeben, dass es rund fünfmal teurer ist, einen Neukunden zu gewinnen als einen Stammkunden zu halten. Dennoch wird gerade der Bereich der Kundenbindung in vielen Unternehmen sträflich vernachlässigt.

Möglichkeiten, Kunden zu binden, bestehen darin,
- die Kundenzufriedenheit zu erhöhen (siehe Kapitel 1, Abschnitt „Erfolgsfaktor Kundenzufriedenheit"),
- Wechselbarrieren zu errichten (siehe Kapitel 4).

Wissenschaftlich lässt sich Kundenbindung als Teilmenge des „Customer Relationship Management" betrachten. Überlegen Sie selbst, welche Strategie in Ihrem Unternehmen vorherrscht! Wenn Sie bislang vorwiegend auf offensive

Strategien gesetzt haben, sollten Sie vermehrt auch die zweite Strategie nutzen. Denn beide schließen sich nicht aus.

> Beide Strategien gehen Hand in Hand: Neukundengewinnung und Kundenbindung.

Wie kundenfreundlich ist Ihr Unternehmen?

Natürlich möchten Sie noch stärker Kunden binden – bevor Sie jedoch in Aktionismus verfallen, sollten Sie den Ist-Zustand Ihrer Kundenorientiertheit feststellen. Beschreiben Sie Ihr Unternehmen, stellen Sie die aktuelle Situation fest, machen Sie Inventur.

Ziehen Sie Bilanz

- Wie ist das allgemeine Ansehen Ihrer Branche bei den Kunden?
- Welche Ziele visieren Sie mit Ihrem Unternehmen an (kurzfristig, mittelfristig, langfristig)?
- Was sind ganz konkret Ihre speziellen Stärken?
- Was möchten Sie mit Ihrem Unternehmen erreichen?
- Wer sind Ihre tatsächlichen Kunden?
- Was sind Ihre gewünschten Kunden?
- Wie gewinnen Sie im Moment Ihre Kunden?
- Wie viele Kunden besitzt Ihr Unternehmen – wie viele davon sind Karteileichen?
- Gibt es eine Kernzielgruppe?
- Welche sind Ihre lukrativsten Kunden?
- Warum kaufen die Kunden gerade bei Ihnen?
- Haben Sie bereits Umfragen bei Ihren Kunden durchgeführt?

Schwachstellen Ihrer Kundenorientierung

Sie möchten die Kundenorientierung im Unternehmen verbessern und so die Kundenbindung stärken. Dann machen Sie sich auf die Suche nach den Schnittstellen und halten Sie die Ist-Situation fest. Wo kommen Sie in Kontakt zu Ihren Kunden und auf welche Weise? In einem weiteren Schritt können dann konkrete Maßnahmen abgeleitet werden.

Schnittstellen im Unternehmen, die es lohnt, genauer zu untersuchen:

Schnittstelle Korrespondenz

Überlegen Sie, welche Briefe und E-Mails Ihre Kunden von Ihrem Unternehmen erhalten! Wie ist der Schreibstil dieser Briefe? Welche Formulierungen werden verwendet?
Achten Sie darauf, Ihren Korrespondenzpartner auch als Partner anzusprechen und vermeiden Sie Amtsdeutsch. Formulierungen wie „wir gewähren", „bezugnehmend" etc. sollten Sie aus Ihrem Wortschatz streichen. Starten Sie mit einer positiven Aussage. Achten Sie darauf, im ersten Satz den Kunden anzusprechen und ihn in den Mittelpunkt zu stellen.

- *Vielen Dank für Ihr Interesse an unseren Trainings und Seminaren ...*
- *Danke für die schnelle Rücksendung. Wie besprochen erhalten Sie ...*
- *Gleich vorneweg die erfreuliche Mitteilung: Wir haben grünes Licht ...*
- *Sie hatten vor einigen Tagen ...*
- *Gerne können Sie mit dem beiliegenden ...*

Das sollten Sie prüfen:
- Ist die Durchwahlnummer des Gesprächspartners angegeben?
- Zu welchen Gelegenheiten erhält Ihr Kunde ein Schreiben?
- Wie schnell werden Briefe und wie schnell werden E-Mails beantwortet?

- Welche Formulierungen kommen bei Kunden besonders gut an?
- Wie oft soll ein Kunde angeschrieben werden?
- Was ist sein Nutzen?
- Wie kann ein Brief individualisiert werden?

Erleichtern Sie Ihren Kunden die Lesbarkeit Ihrer Briefe. Vermeiden Sie gestelzte Sprache und komplizierte Formulierungen.

Schnittstelle Telefonate

Gerade am Telefon können Sie durch Kundenorientierung glänzen und so eine Kundenbeziehung festigen. Ein Kunde spricht lieber mit Ihnen, wenn er am anderen Ende etwas Positives zu hören bekommt. Doch oftmals scheitert ein gelungenes Telefonat schon an der ersten Hürde: der fehlenden Telefonnummer. Achten Sie darauf, dass Ihre Kunden die passende Durchwahl zur Verfügung haben. Nichts ist ärgerlicher, als festzustellen, dass die Telefonzentrale nicht mehr besetzt ist und die Durchwahl der gewünschten Person fehlt.

Das sollten Sie prüfen:
- Wie nehmen Sie Anrufe entgegen?
- Wie und zu welchen Zeiten rufen wir selbst Kunden an?
- Wie werden Anrufer weiterverbunden?
- Wie wird geregelt, dass Kunden zurückgerufen werden?
- Ist eine Servicenummer für Ihr Unternehmen geeignet?
- Nutzen Sie aktive Telefonate zur Kundenbindung?

Schnittstelle Organisation

Was nützt es, wenn freundliche Briefe geschrieben werden, diese aber erst Wochen später beim Kunden ankommen? Was nützt es, wenn Mitarbeiter qualifiziert sind, ein Problem zu lösen, aber keiner sich zuständig fühlt? Achten Sie darauf, dass Sie auch als Kleinbetrieb bestimmte Standards festschreiben. Überlegen Sie, welche organisatorischen Unklarheiten Sie beseitigen können.

Das sollten Sie prüfen:

- Wie lange dauert es, bis eine Anfrage bearbeitet wird?
- Wie schnell kann ein Kunde mit einer Antwort rechnen?
- Wer ist eindeutig für welches Problem zuständig?

Schnittstelle Technik

Natürlich können Sie im Unternehmen Karteikästen stehen haben. Eine professionelle Kundenverwaltung lässt sich allerdings mit einer entsprechenden Software besser bewerkstelligen. Wirkungsvolle Kundenbindung können Sie oft nur mit modernster Technik betreiben. Oft scheitert eine langfristige Kundenbeziehung an fehlenden Kommunikationsmöglichkeiten. Wer keinen Internetzugang hat, dem können auch keine E-Mails geschickt werden. Kunden möchten sich auch informieren. Was liegt näher, als alle nötigen Informationen auf Ihrer Homepage zu präsentieren. Überlegen Sie auch, wie es um die Ausstattung mit Computern bestellt ist. Der freundlichste Kunde wird ungeduldig, wenn sich eine Datenbankabfrage über Minuten hinzieht.

Als selbstständige Schmuckdesignerin gewinnt Elena Borges zwar viele Kunden über aktives Empfehlungsmarketing. Welches Potenzial aber tatsächlich in ihrem kleinen Laden steckt, ist ihr erst bewusst, seit sie eine Internetpräsenz hat. Auf ihren Seiten sind viele Abbildungen und Musterstücke zu entdecken. Die Kunden nehmen das Angebot, sich hier zu informieren, gerne an und ihren virtuellen Besuch dann zum Anlass, auch die Werkstatt aufzusuchen.

Schnittstelle interne Kommunikation

Sie kennen das aus Erfahrung: Bekannte, bei denen regelmäßig ein Familienkrach ausbricht, werden nur sehr ungern besucht. Und wie ist es bei Unternehmen? Nicht anders.

Die Kommunikationskultur eines Unternehmens beeinflusst immer auch die Kundenkommunikation.

Oft ist zu beobachten, dass Mitarbeiter über andere Abteilungen jammern oder schimpfen. Dem Kunden ist es egal, in welcher Abteilung „Mist gebaut" wurde: Er wird die negative Aussage auf das gesamte Unternehmen beziehen.

Natürlich wird auch durch Hochglanzprospekte mit dem Kunden kommuniziert. Bedeutend wichtiger jedoch ist, was die Mitarbeiter selbst äußern. Stehen sie dem Unternehmen loyal gegenüber oder wird über das Unternehmen schlecht geredet?

Achten Sie daher auch darauf, dass Sie Kundenorientierung und Kundenbindung nicht nur nach außen leben, sondern dies auch für Ihre internen Kunden umsetzen: die eigenen Mitarbeiter. Nur eine Organisation, die Mitarbeiterorientierung und Mitarbeiterbindung ernst nimmt, kann letztlich auch kundenorientiert handeln.

Auch der Informationsfluss im Unternehmen wirkt sich auf die Kundenorientierung aus. Die beste Kundendatenbank nutzt nichts, wenn das relevante Wissen nicht jederzeit allen Mitarbeitern im Kundenkontakt zur Verfügung steht.

Organisieren Sie ein Kunden-Wissensmanagement

- Wie ist definiert, was über Kunden wissenswert ist?
- Wie findet dieses Wissen Eingang ins Unternehmen?
- Wie wird es dokumentiert?
- Wie wird der Informationsfluss gewährleistet?
- Wer hat wann, wie und wo Zugriff auf Kundenwissen?

Befragen Sie doch Ihre Mitarbeiter!

Um herauszufinden, welche Maßnahmen Sie zur Kundenbindung ergreifen können, brauchen Sie keine dicken Bücher zu wälzen oder einen teuren Unternehmensberater zu engagieren, sondern Sie können sehr viel schneller passende

Informationen direkt von Ihren Mitarbeitern erhalten. Ihre Mitarbeiter stehen täglich im Kundenkontakt und kennen Ihre Kunden am besten.

Organisieren Sie doch eine Umfrage oder machen einen Kundenbindungs-Workshop mit Ihren Mitarbeitern. Sie werden erstaunt sein, wie viele Ideen unerkannt in Ihrem Unternehmen vorhanden sind. Oft lassen sich daraus wichtige Anhaltspunkte für Optimierungsmaßnahmen ableiten. Maßgebend ist es vor allem bei Workshops, die Ideen nicht sofort zu bewerten, sondern zu sammeln. Quantität vor Qualität. Selbst undurchführbare Ideen können eine wichtige Anregung darstellen.

Mögliche Fragen:

- Was wissen wir eigentlich alles über unsere Kunden?
- Welche konkreten Wünsche haben unsere Kunden?
- Wie können wir unsere Stammkunden am besten an uns binden?
- Welche unserer Kundenbindungsmaßnahmen finden Sie sinnvoll, und welche finden Sie eher unnötig?
- Welche Unterstützung brauchen Sie vom Unternehmen, um sich noch besser dem Kunden widmen zu können, um mit diesem eine Beziehung aufzubauen?

Alle müssen am selben Strang ziehen

Eine von oben verordnete und lediglich mit vollmundigen Worten propagierte Kundenorientierung hat wenig Aussicht, tatsächlich bei den Kunden anzukommen. Kundenorientierung hat immer auch etwas mit den eigenen Mitarbeitern zu tun: Sie sind es letztlich, die den Kontakt zu Kunden halten. Es muss daher sichergestellt sein, dass Kundenorientierung nicht nur eine abstrakte Philosophie darstellt, sondern ein von allen Mitarbeitern mit sämtlichen Konsequenzen akzeptiertes Ziel ist.

Gestalten Sie einen Kundenbindungs-Tag für Ihre Mitarbeiter. An einem Tag kann nicht alles verändert werden, aber vielen bewusst werden, wie wichtig es ist, den Kunden in den Mittelpunkt des unternehmerischen Handelns zu stellen.

Hier einige Tipps:

- Verdeutlichen Sie, weshalb Kundenbindung überhaupt ein Thema ist; was es für das Unternehmen und damit auch für jeden einzelnen Arbeitsplatz bedeutet, wenn Kunden verloren gehen. Hier geht es nicht darum, den „Teufel an die Wand" zu malen, sondern ganz einfach das Bewusstsein zu wecken, dass ein Stammkunde etwas sehr Wertvolles darstellt und daher auch entsprechend behandelt werden sollte. Rechnen Sie ruhig zusammen aus, wie wertvoll ein Kunde ist, der sein Leben lang Stammkunde bleibt! Das Ergebnis ist oft eine Überraschung.
- Wecken Sie bei Ihren Mitarbeitern das Bewusstsein, dass Kundenzufriedenheit und Kundenbindung eng miteinander verbunden sind. Beispiele aus Ihrem Unternehmen werden Sie genügend finden.

Oft hilft es, wenn dieser Workshop von einem externen Trainer moderiert wird. Informieren Sie sich auch über diese Möglichkeit.

Die richtigen Kunden richtig binden!

In der Praxis sind zwei Grundsätze entscheidend: Binden Sie die richtigen Kunden und binden Sie die Kunden richtig! Es nützt Ihnen nichts, wenn Sie Kunden binden, die Ihrem Unternehmen nichts bringen. Ebenso ist es unsinnig, die richtigen Kunden mit den falschen Mitteln binden zu wollen.

Die richtigen Kunden binden

Konzentrieren Sie sich auf die richtigen Kunden. Allzu oft wird Kundenbindung mit dem Gießkannenprinzip betrieben und versucht, jeden Kunden zu binden. Das kostet unverhältnismäßig viel Aufwand, der sich nicht in jedem Fall auszahlt.

Überlegen Sie genau, welche Kunden Sie langfristig gewinnen möchten und für welche Kunden nur ein geringerer Kundenbindungsaufwand gerechtfertigt ist.

Priorisieren Sie Ihre Kunden

Das Pareto-Prinzip besagt, dass 80 Prozent der Wirkung durch lediglich 20 Prozent des Aufwandes erzielt werden. Demnach erwirtschaften Sie in der Regel mit nur 20 Prozent Ihrer Kunden (und meistens sind das Ihre Stammkunden) 80 Prozent Ihres Umsatzes und 20 Prozent der Reklamationen verursachen 80 Prozent des Reklamationsaufwandes.

Versuchen Sie also herauszufinden, welche 20 Prozent Ihrer Kunden für Sie am wertvollsten sind, Ihnen also den größten Ertrag einbringen. Konzentrieren Sie sich auf diese Kunden! Sie verfügen nur über begrenzte Mittel und Ressourcen. Verteilen Sie diese nicht gleichmäßig, sondern setzen Sie sie ganz gezielt ein.

Konzentrieren Sie sich auf die wirklich wichtigen Kunden.

Um herauszufinden, welche Kunden wichtig sind, empfiehlt es sich, ein Kundenportfolio anzulegen und die Kunden nach Umsatz und Kauffrequenz in drei Kategorien einzuteilen: A-Kunden, B-Kunden und C-Kunden. So haben Sie jederzeit einen Überblick darüber, welcher Kunde welchen Aufwand rechtfertigt.

Obwohl es vordringlich und ökonomisch sinnvoll ist, die Schlüsselkunden zu hegen und zu pflegen, sollte dennoch Ziel sein, allen Kunden das Gefühl zu vermitteln, dass sie wichtig sind. Prinzipiell ist jeder Kunde Zielkunde, denn viele Kunden können sich entwickeln.

Herr Maier hat zur örtlichen Druckerei einen guten Kontakt. Obwohl er nur wenige Male im Jahr einen Auftrag vergibt, wird er wie ein guter Bekannter behandelt. Gelegentlich erfolgt ein Anruf, um festzustellen, wie zufrieden er mit dem letzten Auftrag war. Die Druckerei weiß, dass hier nicht mehr Aufträ-

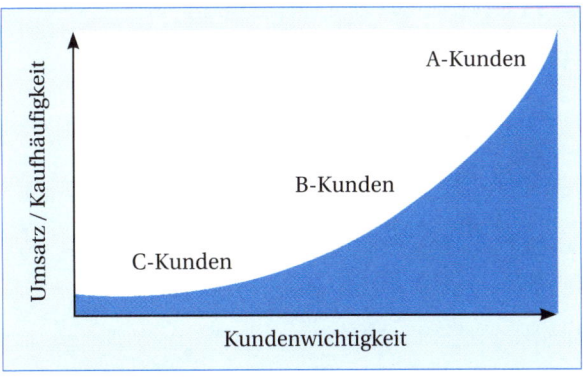

Setzen Sie Ihren Kundenbindungsaufwand ganz gezielt ein.

ge zu akquirieren sind, dennoch wird Herr Maier nicht vergessen. Und das wird sich auszahlen. Denn Herr Maier wird die nächsten Monate den Arbeitsplatz wechseln. In der neuen Firma wird er für die Vergabe der Druckaufträge verantwortlich sein. Aus einem C-Kunden wird plötzlich ein A-Kunde. Für die Druckerei wird es sich auszahlen, den Kontakt über lange Jahre so intensiv gehalten zu haben.

Immer wieder kommt es vor, dass das Potenzial von Kunden nicht erkannt wird. Da kommt ein Student mit einer „Rostlaube" zum Autohändler, um sich Ersatzteile zu besorgen, und wird behandelt wie ein Taschendieb. Er wird diesen Eindruck in Erinnerung behalten, und dies kann sich rächen, wenn er zwei Jahre später seinen Neuwagen anderswo kauft.

Begegnen Sie jedem Kunden mit Wertschätzung. Auch Kunden, die nicht viel bei Ihnen kaufen!

Pflegen Sie vor allem Ihre Stammkunden

Kundenbindung mit Maß und mit Ziel

Der Akquiseaufwand für die Gewinnung eines neuen Kunden ist fünfmal so hoch wie der Aufwand, den Sie betreiben müssen, um einen Stammkunden zu halten und dauerhaft zu binden.

Neukunden

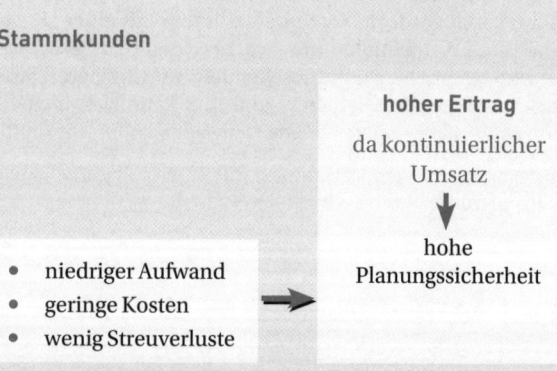

- hoher Aufwand
- hohe Kosten
- hohe Streuverluste

geringer Ertrag

da unsicherer Umsatz

↓

keine
Planungssicherheit

Stammkunden

hoher Ertrag

da kontinuierlicher
Umsatz

↓

hohe
Planungssicherheit

- niedriger Aufwand
- geringe Kosten
- wenig Streuverluste

Der Kundenkreislauf

Neukunden
- kontinuierlich Neukunden akquirieren, um natürliche Kundenabwanderung zu kompensieren
- geringer Kundenbindungsaufwand
- Potenzial erkennen, bei Bedarf Aufwand erhöhen

Stammkunden
- halten und binden
- hoher Kundenbindungsaufwand gerechtfertigt
- bei drohender Abwanderung Aufwand intensivieren

Verlorene Kunden
- Befragen: Jeder unzufriedene Kunde ist gewissermaßen ein kostenloser Unternehmensberater. Nutzen Sie diese Chance!
- Reaktivieren: Versuchen Sie den Kunden zurückzugewinnen.

Unabhängig davon, welchen Umsatz Kunden machen: Jeder Kunde ist ein Multiplikator, der sich positiv oder negativ über ein Unternehmen äußern kann. Positive Äußerungen eines C-Kunden im Bekanntenkreis können dem Unternehmen potenzielle A-Kunden zuführen. Negative Mundpropaganda kann dagegen großen Schaden verursachen.

Pflegen Sie vor allem Ihre Stammkunden!
Grundsätzlich lassen sich drei Kundentypen unterscheiden: Neukunden, Stammkunden und verlorene Kunden. In der Regel sind A-Kunden auch Stammkunden, und auf diese sollte ein Unternehmen sein Hauptaugenmerk richten.
In der Praxis belohnen viele Unternehmen aber vor allem Neukunden mit Prämiensystemen, Provisionen und Boni. Die Anzahl der gewonnenen Neukunden wird gemessen, auf Schaubildern und Grafiken verdeutlicht und ist vielen Mitarbeitern präsent. Wie viele Stammkunden jedoch gehalten werden konnten und welche Bedeutung diese für die Wertschöpfung eines Unternehmens haben, ist dagegen vielen Mitarbeitern und wohl auch vielen Chefs nicht klar.

Neukunden
Jedes Unternehmen braucht Neukunden. Da immer Kunden abwandern, ist es nötig, diesen Verlust kontinuierlich auszugleichen. Unternehmen, die vor allem auf Neukundengewinnung setzen, beschäftigen jedoch oft umsatzstarke und abschlussorientierte „Verkaufskanonen", denen es auf schnellen Gewinn und nicht auf Kundenbindung ankommt.
„Ein Neukunde für uns und eine interessante Prämie für Sie!", so werden Prämien für Neukunden ausgelobt. Mit Erfolg. Viele Stammkunden entschließen sich dazu, Freunde und Bekannte zu werben. Doch Achtung: Ist die Prämie zu hochwertig, dann kann der Effekt genau ins Gegenteil umschlagen. Die Stammkundenloyalität lässt nach: Bei einer (zu) hohen Prämie wird es auch für Stammkunden attraktiv zu kündigen und sich später unter eigenem oder anderem

Namen wieder werben zu lassen. Gerade bei Tageszeitungen gibt es viele, die dauerhaft Schnupperabonnenten sind und sich reihum werben. Eine zu hohe Prämie kann zudem sowohl Stammkunden als auch Neukunden stutzig machen: Offensichtlich zahlen Kunden ja zu viel, wenn noch Geld für aufwändige Prämien vorhanden ist. Fazit: Loben Sie Prämien aus, aber seien Sie eher zurückhaltend, was deren Wert betrifft (siehe auch Kapitel 3, Abschnitt „Reaktanzfalle").

Prämien haben drei entscheidende Vorteile:
- Sie werden an Neukunden kommen.
- Ihre bestehenden Kunden werden durch aktive Weiterempfehlung noch stärker an Ihr Unternehmen gebunden.
- Sie haben einen wunderbaren Aufhänger, um mit Ihren Kunden wieder in Kontakt zu treten. Sie stehen also in Dialog mit Ihren Kunden.

Überlegen Sie, in welcher Form Sie Prämien anbieten möchten. Viele Autohändler geben ihren Kunden beispielsweise ein Gutscheinheft mit, auf dem vermerkt ist, was es für die Vermittlung eines Neukunden gibt. Es ist einleuchtend, dass dieses Gutscheinheft nicht sofort weggeworfen wird.
Sie können auch auf Ihren Internetseiten einen Bereich eröffnen, in dem monatlich neue Werbeprämien vorgestellt werden – so animieren Sie gleichzeitig Ihre Stammkunden, die Homepage wieder zu besuchen.

Stammkunden
Stammkunden zu halten ist weitaus günstiger, als Neukunden zu gewinnen. Da bei Stammkunden keine Akquisekosten mehr anfallen, sie gezielter angesprochen und so Streuverluste vermieden werden können, bedeutet dies einen höheren Gewinn. In vielen Unternehmen rentiert sich ein neu gewonnener Kunde erst nach dem dritten oder vierten Auftrag. Daher sollte das Ziel jedes Unternehmens sein,

Stammkunden zu halten. Durch Kundenbindung eben. Untersuchungen der Preis- und Rabattstrukturen unterschiedlicher Unternehmen belegen, dass meist die Neukunden die höchsten Rabatte und die günstigsten Preise erhalten. Am besten gestellt sind Neukunden, die von einem Unternehmen zum anderen wechseln. Am schlechtesten gestellt sind Stammkunden, die nicht regelmäßig auf eine Neuverhandlung von Preisen und Konditionen drängen.

> Lassen Sie bei Ihren guten Kunden nicht den Eindruck entstehen, als sei es eine Strafe, Stammkunde zu sein.

Bieten Sie Ihren Stammkunden ein Mehrwertprogramm

Durch ein Mehrwertprogramm eröffnen Sie Ihren guten Kunden den Zugang zu interessanten Vorteilsleistungen.

Vorteile für den Kunden:

- Maßnahmen (z. B. Bonusprogramme, Treueprämien), mit denen er Geld spart
- Individuelle Informationen und Angebote
- Mehr Sicherheit z. B. durch eine für Vorteilskunden kostenlose Rücksendung oder zusätzliche Garantie- oder Versicherungsleistung
- Der Kunde bekommt das gute Gefühl, ein VIP zu sein und zu einem exklusiven, bevorzugten Kreis zu gehören (Kundenclubs, Premium Content im Internet etc.)

Vorteile für das Unternehmen:

- Stärkere Bindung des Kunden an das Unternehmen
- Differenzierung gegenüber Mitbewerbern
- Möglichkeit, über das Mehrwertprogramm Cross-Selling (siehe Kapitel 4) zu betreiben
- Bislang schon bestehende Zusatzleistungen werden durch Integration in Mehrwertprogramme aufgewertet
- Netzwerkerweiterung

- Imageaufwertung
- Umsatzsteigerung
- Sicherung der Marktposition

Verlorene Kunden

Hier lohnt es sich nachzuhaken, weswegen diese Kunden nicht mehr kaufen – Kunden sind gewissermaßen kostenlose Unternehmensberater. Fragen Sie nach! So entdecken Sie Verbesserungspotenziale für Ihr Unternehmen und haben gleichzeitig die Chance, diese Kunden wieder für sich zu gewinnen. Viele zurückgewonnene Kunden sind noch fester an ein Unternehmen gebunden (siehe auch Kapitel 4).

Führen Sie eine gut strukturierte Kundendatei!

Vor dem Hintergrund einer gut strukturierten Kundendatei können Sie Ihre Kundenbindungsaktivitäten gezielt planen. Eine Kundendatei beinhaltet mehr als Adresse und Telefonnummer. Hier sollten auch persönliche Anmerkungen festgehalten werden. Viele Verkäufer vermerken so auch in der Kundendatei die Kaufmotive, denn für die zukünftige Kundenkommunikation ist es entscheidend, auch noch nach einem längeren Zeitraum zu wissen, ob Herr Müller das Fahrzeug gekauft hat, weil es prestigeträchtig oder weil es besonders sicher war.

Mögliche Informationen in einer Kundendatei:

- Geburtstage und Jubiläen
- Hobbys
- Kontakte zu anderen Entscheidern
- Wissensbereiche, für die sich der Kunde interessiert
- Kaufmotive

Gerade mit zusätzlichen Informationen lassen sich individualisierte Maßnahmen durchführen. Sorgen Sie dafür, dass alle Mitarbeiter einen genauen Leitfaden haben, was wie einzutragen ist. Erst von einer gepflegten Kundendatenbank werden Sie wirklich profitieren. Software zum Customer Relationship Management (CRM) kann Sie hier unterstützen.

Bei der Auswahl der Weihnachtsgeschenke hat Herr Schmidt immer ein „goldenes" Händchen. Dass dies mit konsequenter Pflege seiner Kundendatenbank zu tun hat, hängt er nicht an die große Glocke. In der Datenbank finden sich viele Informationen, die nicht direkt mit dem Geschäftsabschluss zu tun haben. Erwähnt der Kunde im Gespräch, dass er ein Freund von Rotweinen ist, findet dies ebenso seinen Niederschlag wie die Aussage, dass er Blumen hasst, weil er allergisch darauf reagiert.

Die Kunden richtig binden

Nicht alle Kunden reagieren auf Kundenbindungsmaßnahmen gleich (siehe auch Kapitel 3). Ganz allgemein lässt sich aber Folgendes sagen:

Je individueller die Kundenkommunikation und je höher der realisierte Kundennutzen, umso wirkungsvoller und nachhaltiger ist die Kundenbindung.

Servicequalität und Kundenzufriedenheit

Die drei Säulen der Servicequalität

Service rund um Produkt oder Dienstleistung gewinnt zunehmend an Bedeutung. Service kann die gesamte Dienstleistung umfassen oder sich auf das beziehen, was der Kunde neben dem Produkt noch wahrnimmt. Im Folgenden beziehen wir in den Begriff „Service" das Produkt oder die Kerndienstleistung mit ein.

Servicequalität ruht auf drei Säulen: Produkt/Dienstleistung, Organisation und Person. Bricht eine dieser Säulen, fällt das gesamte Qualitätsgebäude in sich zusammen. Von Kundenorientierung kann dann keine Rede mehr sein. Eine Min-

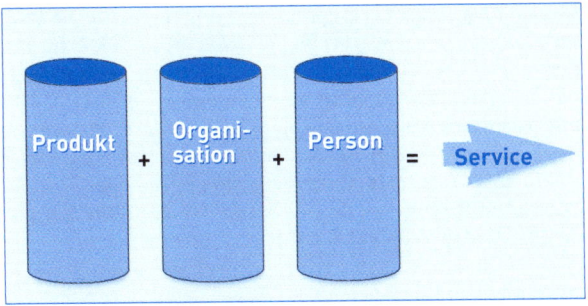

Die drei Säulen der Servicequalität

destanforderung an jedes kundenorientierte Unternehmen:
Alle drei Säulen sollten tragend sein ...
Hierzu einige Beispiele:

– Produkt/Kerndienstleistung, + Organisation, + Person
*Das ging ja blitzschnell! Herr Müller ist erleichtert. Als er nach
dem Crash seines neu erworbenen Computers einen Service-
techniker ordert, hat der freundliche und zuvorkommende
junge Mann tatsächlich innerhalb von zwei Stunden die wichtigsten Daten von der Festplatte gesichert. Auch dass er für die
Zeit der Reparatur ein Leihgerät erhält, weiß er wirklich zu
schätzen. Nur eines störte: Grund für den Absturz waren offensichtlich billigste Bauteile. Von einem Profigerät hatte Herr
Müller mehr erwartet. Er wird sich das nächste Mal für einen
anderen Anbieter entscheiden.*
Was ist das Besondere an Ihrem Produkt/Ihrer Dienstleistung? Wie können Sie diese verbessern?

+ Produkt/Kerndienstleistung, – Organisation, + Person
*Na endlich! Frau Maier ist schon leicht genervt. Mit dem jetzt
schon drei Jahre alten Notebook war sie immer zufrieden: ein
super Produkt. Dass es aber so schwierig sein kann, bei einer*

kleinen Frage Support zu erhalten, hätte sie sich nicht träu-
men lassen. Das ist jetzt schon der dritte Anruf. Das erste Mal
flog sie aus der Leitung, das zweite Mal wurde sie falsch ver-
bunden. Nun endlich kann sie ihr Anliegen vorbringen. Nett
und freundlich ist die Mitarbeiterin ja. Auch die Fragen, die sie
stellt, zeugen von fachlicher Kompetenz. Aber irgendwie
scheint das Ganze organisatorische Mängel zu haben.
Wie kann Ihre Organisation verbessert werden? Wie hoch ist
die Reaktionsgeschwindigkeit?

+ Produkt/Kerndienstleistung, + Organisation, – Person
Die behandeln einen ja wie den letzten Dreck! Herr Schmidt ist
erbost. Eigentlich wollte er sein Notebook aufrüsten lassen,
denn er war mit der Verarbeitung und der Rechnerleistung im-
mer sehr zufrieden. Auch war die letzte Bestellung, eine externe
Festplatte, innerhalb von zwei Tagen bei ihm im Briefkasten.
Aber dass er jetzt am Telefon richtiggehend „vorgeführt" wird,
das bringt ihn jetzt auf die Palme.
Was zeichnet Ihre Mitarbeiter aus? Worin sind diese besonders qualifiziert? Freundlichkeit? Kompetenz? Ruhe?

Kundenbindung durch Qualitätssicherung

Servicequalität entsteht nicht durch Zufall, sondern ist Ergebnis eines konsequenten Managements. Machen Sie sich mit
den einzelnen Qualitätswerkzeugen vertraut und steigern Sie
so Ihre Kundenbindung durch zufriedene Kunden.

1. Kundenerwartungen kennen
Verschaffen Sie sich Informationen über Kundenerwartungen.

Beispiele für Qualitätswerkzeuge
- Kundengespräche, Kundeninterviews
- Kundentag
- Auswertung von Fachzeitschriften
- Kundenwunschkarte („Smiley-Karte")
- Rückmeldungen verärgerter Kunden auswerten

2. Standards definieren

Erarbeiten Sie gemeinsam Standards oder geben Sie klare Anweisungen vor, die für alle Mitarbeiter verständlich und anwendbar sind. Besonders wiederkehrende Aufgaben sollten klar definiert werden.

Beispiele für Qualitätswerkzeuge:
- Leitfaden für neue Mitarbeiter
- Firmenleitbild mit Vision/Mission (Strategie) und Werten
- Checklisten und Arbeitsabläufe

3. Standards einhalten

Natürlich können Sie alles kontrollieren. Einfacher und sicherer ist es jedoch, die Mitarbeiter sind motiviert und geschult.

Beispiele für Qualitätswerkzeuge:
- Regelmäßige Mitarbeiterbesprechungen
- Befragungen zur Mitarbeiterzufriedenheit
- Entwicklungsgespräche mit Mitarbeitern
- Schulungen und Fortbildungsmaßnahmen

4. Versprechungen erfüllen

Allen Mitarbeitern ist die Außendarstellung des Unternehmens bekannt. Vor allem die damit geweckten Erwartungen sollten allen bewusst sein.

Beispiele für Qualitätswerkzeuge:
- Teambesprechung: Was erwarten unsere Kunden von uns?
- Allen ist klar, dass Versprechen gegenüber dem Kunden einzuhalten sind
- Mitarbeiter werden über laufende Marketingaktivitäten informiert
- Informationspunkt „Schwarzes Brett" wird eingerichtet

5. Kundenzufriedenheit kennen

Nur durch die Kenntnis der Kundenzufriedenheit können Sie die eigene Leistung bewerten. Interessant wird eine Messung der Kundenzufriedenheit im Zeitverlauf. Hier wird deutlich, ob Maßnahmen zur Kundenorientierung Erfolg zeigen.

Beispiele für Qualitätswerkzeuge:
- Gezielte Interviews über Kundenzufriedenheit
- Rückfrage bei Kunden
- Einsatz von Testpersonen
- Aktives Beschwerdemanagement

Lernen Sie Ihren Markt kennen

Marktsegmentierung heißt Kundenwünsche erkennen

Ihre Kunden haben unterschiedliche Bedürfnisse, die durch unterschiedliche Produkte befriedigt werden können. Oftmals ist es noch nicht einmal nötig, unterschiedliche Produkte oder Dienstleistungen anzubieten, sondern es wird einfach ein anderer Nutzen verdeutlicht.

Splitten Sie Ihren Markt in unterschiedliche Kundengruppen auf. Entscheidend ist nicht, eine bis ins kleinste Detail ausgearbeitete Segmentierung zu entwickeln, sondern durch grobe Segmentierungen Ihre Kunden noch besser zu verstehen.

Wer nicht in Segmenten denkt, denkt nicht über Marketing nach. (Ted Levitt)

Die einfachste Segmentierung ist die geographisch-regionale. Mögliche Fragestellungen: Aus welcher Region kommt mein Kunde? Stadt- oder Landbevölkerung? Aus welchen Bundesländern kommen meine Kunden?

Eine weitere Möglichkeit besteht darin, nach demographischen Merkmalen zu segmentieren: Alter, Einkommen, Beruf, Bildung, Familienstand und so weiter.

Eine der wichtigsten Segmentierungen, die Sie treffen können, ist die Segmentierung nach verhaltenswissenschaftlichen Merkmalen: Wie begeistert ist der Kunde von dem Produkt? Welche Kunden zeigen hohes Interesse für mein Unternehmen, welche sind mir gegenüber eher ablehnend eingestellt?

Herr Müller ist Inhaber einer kleinen Goldschmiede. Er ist zufrieden, denn die Arbeit, die gesamte Kundenkartei neu zu ordnen, hat sich gelohnt. Bislang bekamen alle Kunden ein einheitliches Direkt-Mailing. Jetzt ist es anders: Durch neue Kriterien in seiner Kundenkartei kann Herr Müller jetzt seine Kunden gezielter ansprechen. Bislang hatte er eher Briefe mit Allgemeinplätzen verschickt. Von schönem Schmuck war die Rede. Jetzt ist es anders: Dem eher jungen und preisbewussten Teil seiner Kundschaft lässt er Flyer mit Angeboten zum Modeschmuck zukommen, während die eher gut situierte und ältere Kundschaft Unterlagen zu hochwertigem und exklusivem Designerschmuck zugesandt bekommt. Die Resonanz ist deutlich besser als bisher.

Überlegen Sie selbst: Welche Kundengruppen können Sie bei sich im Unternehmen bilden? Reduzieren Sie alle auf höchstens fünf wichtige und klar definierbare Typen.

Orientieren Sie sich ständig am Markt

Kundenbindung bedeutet nicht, alles beim Alten zu lassen und sich nicht zu ändern. Kundenbindung bedeutet vielmehr, aktiv in einen längerfristigen Dialog mit Ihren Geschäftspartnern einzusteigen. Was gestern ein Kundenbedürfnis war, muss nicht zwingend morgen auch noch eines sein. Halten Sie laufend Kontakt zu Kunden, und reagieren Sie auf Veränderungen in den Wünschen und Bedürfnissen Ihrer Stammkunden.

Hermann Maier betreibt seit Jahren ein Spezialgeschäft für Bürokommunikation. Er hatte sich vor einigen Jahren auf Verkauf und Reparatur von Faxgeräten spezialisiert. Nach und nach hatte er immer mehr Stammkunden gewonnen. Er hoffte, damit noch einige Jahre erfolgreich tätig zu sein. Doch mehr und mehr seiner Kunden nutzten das Fax nur noch in Ausnahmefällen. Immer stärker lief ihre Kommunikation über E-Mail und Internet. Er verlor viele seiner Stammkunden.

Achten Sie auf Veränderungen und Trends

Was heute noch Kunden an Ihr Unternehmen bindet, kann morgen schon überholt sein:

- Ist es noch sinnvoll, mit Ökologie zu werben?
- Ist unsere Art der Kommunikation mit unseren Kunden noch zeitgemäß? Viele Kunden möchten lieber E-Mails statt Faxe.
- Haben sich die Wünsche und Bedürfnisse der Kunden gewandelt? In welche Richtung?
- Besteht die Gefahr, dass mein Markt völlig verschwindet? Wenn durch technische Innovationen ganze Berufszweige wegfallen, dann nützt mir die beste Kundenbindung nichts mehr.
- Auf Ihre Branche bezogen: In welche Richtung wird geforscht und entwickelt?
- In welcher Weise hat sich der Markt in den letzten Jahren verändert?
- Wie wird sich der Markt Ihrer Meinung nach in den nächsten Jahren entwickeln?

Machen Sie sich unverwechselbar!

Je einmaliger Ihre Produkte oder Ihre Dienstleistungen sind, desto weniger schnell wird Ihr Kunde einen alternativen Anbieter wählen. Unternehmen, die sich sehr stark von ihren Mitbewerbern unterscheiden, haben in der Regel eine hohe Kundenbindung. Es leuchtet ein: Wenn Sie dasselbe Produkt, denselben Service auch anderswo finden, warum sollten Sie dann nur bei dem bisherigen Lieferanten kaufen?

Herr Maier ist Inhaber einer Weinhandlung. Er hat sehr viele treue Kunden. Einfach deshalb, weil er zu jedem Wein eine ganz persönliche Geschichte weiß. Die Kunden kaufen bei ihm nicht nur einen Wein, sondern sie nehmen gleichzeitig an den Erinnerungen und Erlebnissen des Weinhändlers teil.

Überlegen Sie: Warum kauft ein Kunde ausgerechnet bei Ihnen? Was ist das Besondere, das Einmalige Ihrer Dienstleistungen oder Produkte? Wenn Sie viele Stammkunden haben, verfügt Ihr Unternehmen wahrscheinlich auch über eine ausgeprägte USP. USP steht für „Unique Selling Proposition", was wörtlich so viel heißt wie „einzigartige Verkaufsvoraussetzung" und „Alleinstellungsmerkmal" bedeutet. Eine USP unterscheidet ein Unternehmen von anderen Unternehmen der Branche.

Nur wenn Sie Ihre USP genau kennen, können Sie Ihre Marketingaktivitäten bündeln und sich so von Ihren Wettbewerbern differenzieren.

Bruno Ludwig betreibt einen kleinen Elektrofachhandel. Neben Küchengeräten bietet er vor allem Elektronikkleinteile wie Schalter, Buchsen oder Kabel für Bastler an. Und genau hier liegt seine eigentliche Stärke. Natürlich verkauft er hin und wieder auch einen Staubsauger oder eine Küchenmaschine. Seine eindeutige USP aber liegt darin, den Bastlern jedes gewünschte Bauteil zu liefern. So kursiert im Ort unter den Bastlern das geflügelte Wort: „Wenn Bruno Ludwig es nicht hat, hat es niemand." Und genau darauf setzt Herr Ludwig. Er möchte den großen Discountern gar keine Konkurrenz machen, sondern er hat sich auf etwas spezialisiert, was ihn für seine Kunden einzigartig macht.

Einige Beispiele für die USP verschiedener Unternehmen:

- *Wir sind ausschließlich für eine Branche tätig und haben daher besonders tief gehende Erfahrungen.*
- *Wir liefern innerhalb von drei Stunden und sind damit deutlich schneller als die Mitbewerber.*
- *Wir haben die größten Schnitzel im ganzen Land.*
- *Bei uns können Sie alles umtauschen.*

Finden Sie für Ihr Unternehmen Ihre ganz individuelle USP! Fragen Sie dazu Ihre Mitarbeiter und Ihre Kunden. Oftmals werden Sie so viel zutreffendere Rückmeldungen dazu erhalten, wie Sie im Markt gesehen werden, als wenn Sie sich selbst womöglich „in die Tasche lügen".

Nutzen Sie Wechselbarrieren zur Kundenbindung

Wechselbarrieren machen es Kunden mehr oder weniger schwer, einen Anbieter zu verlassen. Sie können psychologischer, ökonomischer, praktischer oder rechtlicher Natur sein.

- Psychologische Wechselbarrieren: Beispiele für psychologische Wechselbarrieren sind Dankbarkeit gegenüber dem Unternehmen, Lokalpatriotismus, Stolz, persönliche Vertrauensbeziehungen und vieles mehr.
- Ökonomische Wechselbarrieren: Hier verursacht ein Wechsel bezifferbare Kosten. Beispielsweise werden bei einer Änderung in der Produktion möglicherweise andere Maschinen erforderlich, müssen Mitarbeiter in Bezug auf eine neue Technik geschult werden, oder es fallen Austrittsgebühren an.
- Praktische Wechselbarrieren: Ein typisches Beispiel sind die mittlerweile sehr günstig angebotenen Tintenstrahldrucker. Die dazugehörigen Tintenpatronen sind oft recht teuer. Die Hersteller sichern sich diese Zusatzumsätze, indem sie dafür sorgen, dass in den Druckern immer nur jeweils die Originalpatronen benutzt werden können.

- Rechtliche Wechselbarrieren: Eine sehr bekannte Wechselbarriere sind Handyverträge. Hier wird ein Vertrag über eine bestimmte Laufzeit abgeschlossen, und der Kunde damit rechtlich für eine bestimmte Zeit an den Netzbetreiber bzw. den Vertragspartner gebunden.

Thilo Schneider hat ein neues Handy. Dass er sich damit vertraglich für zwei Jahre an einen Netzbetreiber bindet (rechtliche Wechselbarriere), nimmt er bei der günstigen Grundgebühr und den günstigen Minutenpreisen in Kauf. Er denkt zurück an die Zeit, in der es noch Autotelefone über das C-Netz gab. Mit seinem Telefon konnte er nicht einfach zu einem anderen Anbieter wechseln, denn das C-Netz hatte ja eine völlig andere Technik (praktische Wechselbarriere). Mittlerweile besitzt er jedoch schon seit knapp zwei Jahren ein D2-Handy, und der Vertrag läuft aus. Er liebäugelt schon länger mit einem Wechsel zu E-Plus, und jetzt kann er ja sogar seine Handynummer behalten. Visitenkarten und Briefpapier müssen also nicht neu gedruckt werden (das wäre eine ökonomische Wechselbarriere).

Binden Sie Ihre Kunden, ohne ihnen Fesseln anzulegen.

Psychologische Wechselbarrieren erfüllen diesen Anspruch: positive Erlebnisse und Zufriedenheit, der Aufbau persönlicher Beziehungen, die Vermittlung von Exklusivität etc. binden, ohne zu fesseln. Offensichtliche Wechselbarrieren dagegen rauben Ihren Kunden das Gefühl der Freiheit und sorgen für negative Mundpropaganda. Kundenbindung durch rechtliche oder ökonomische Wechselbarrieren sollten Sie daher nur dann ins Auge fassen, wenn Sie eine Marktposition innehaben, diese Wechselbarrieren auch durchzuhalten. Und das wird auf Dauer kaum gelingen.

Wer Kunden fesselt, statt zu binden, braucht sich nicht wundern, wenn sie sich losreißen möchten. Achten Sie besonders darauf, zu großen Druck zu vermeiden. Instinktiv reagieren Kunden sonst auf zwei Arten: Angriff oder Flucht.

- Angriff: Kunde versucht, sich loszureißen, indem er Sie angreift: „Unbegründete" Reklamationen sind klare Zeichen für diese Reaktion.
- Flucht: Kunden versuchen, wo es geht, Alternativen zu finden. Kunden, die in einem Bereich „gefesselt" sind, werden in anderen Bereichen sich anderweitig orientieren.

Rabattheftchen und Kundenkarten

Bilden Sie Austrittsbarrieren mit Rabattsystemen. Ziel ist es, die Kunden dazu zu bewegen, immer wieder beim selben Händler einzukaufen.

Hilfreich sind hier Systeme, die den „Erfolg" nach hinten verlagern, bei denen also „gesammelt" werden muss. Beispiele:
- Treue-Karte
- Treue-Punkte
- Bonus Card

Früher waren Rabattmarkenheftchen weit verbreitet. Nach der Währungsreform bis in die 70er-Jahre hinein war das Ausschnippeln und Sammeln von Rabattmarken ein beliebter Sport. Heute erleben die Rabattheftchen wieder eine Renaissance. Besonders für den Einzelhandel sind sie eine geeignete Maßnahme der Kundenbindung. Ob Friseurbesuch, ob Kaffee beim Bäcker oder der Mittagstisch im Restaurant. Für Rabattheftchen sind nahezu alle wiederkehrenden Einkäufe geeignet.

Bäcker Bruno bietet in seinem Stehcafé verschiedene Arten von Getränken an. Das Rabattheftchen kommt sehr gut an. Bei jedem getrunkenen Kaffee wird eins von zehn Feldern abgestempelt. Bei zehn Stempeln kann ein beliebiges Getränk gratis bestellt werden. Klar, dass sich hier die meisten Kunden etwas Besonderes gönnen. Der Zusatznutzen ist, dass die Kunden so auch noch auf den Geschmack der anderen angebotenen Getränke gebracht werden.

Vor allem größere Unternehmen setzten statt auf Rabattheftchen immer stärker auf Kundenkarten. Da hier die Umsätze elektronisch erfasst werden, können die erhobenen Daten auch zur Marktforschung benutzt werden.

Gründe für diesen aktuellen Kundenkartenboom:
- Fehlende Kundennähe durch anonyme Einkaufszentren
- Die Treuequote nimmt allgemein ab (Stichworte: „Smart Shopper", „Variety Seeker" ...)
- Preissensibilität der Kunden nimmt zu
- Technische Möglichkeiten nehmen zu

Kundenkarten und Rabattheftchen wecken Urinstinkte beim Kunden: Jagen und Sammeln.

Nutzen Sie Reklamationen als Chance

Erstaunlich, aber wahr: Nur ca. ganze 5 Prozent der unzufriedenen Kunden reklamieren. Alle anderen schlucken den Ärger, kündigen stillschweigend die Geschäftsbeziehung oder betreiben negative Mundpropaganda. Jeder Kunde, der reklamiert, zeigt damit, dass er uns die Chance gibt, die Beziehung zu retten.

Ein reklamierender Kunde will eine schnelle und kulante Behebung seiner Beanstandung. Es gilt also, schnell zu handeln. Auf keinen Fall darf die Bearbeitung einer Reklamation hinausgezögert werden, auch wenn es für den Moment unangenehm sein mag.

Eine Reklamation ist gewissermaßen eine kostenlose Unternehmensberatung. Und zwar von Beratern, die Ihr Unternehmen vielfach besser kennen als ein Unternehmensberater.

Durch eine Reklamation erhalten wir Rückmeldungen über Schwachstellen im Unternehmen und können so organisatorische oder technische Verbesserungen einleiten.

> **Machen Sie es Ihren Kunden so einfach wie möglich, sich zu beschweren.**

Eine der einfachsten und schnellsten Beschwerdemöglichkeiten besteht aus einer Karte, bei der auf einer Seite ein Pluszeichen, auf der anderen ein Minuszeichen vermerkt ist. Bitten Sie den Kunden, doch einfach ein Stichwort oder einen Satz auf jede Seite zu schreiben. Sie werden überrascht sein, wie einfach und schnell Sie dadurch Beschwerden und Rückmeldungen erhalten.

Bieten Sie Ihren Kunden also, wo immer es geht, die Möglichkeit, sich zu beschweren. Ein schlechtes Beispiel ist eine Warteschleife, an deren Ende der Kunde gebeten wird, nochmals anzurufen. Noch schlimmer ist es, wenn der Kunde keine direkte Durchwahl oder keinen Namen eines direkten Ansprechpartner vorliegen hat und darauf angewiesen ist, abzuwarten, was das Unternehmen zurückschreibt.

Binden Sie Kunden durch Cross-Selling

Binden Sie Ihre Kunden, indem Sie Cross-Selling betreiben. Wenn Sie unterschiedliche Angebote miteinander verknüpfen, haben Sie eine hervorragende Möglichkeit, immer wieder mit Ihren Kunden in Kontakt zu treten. Bei der Kaffeemaschine kann dies die Belieferung mit Kaffee sein, der Buchhändler bietet zum italienischen Kochbuch gleich die entsprechenden Teigwaren an, oder der Möbelhersteller liefert auch die passende Tapete. Oftmals bietet es sich auch an, gemeinsam mit geeigneten Kooperationspartnern die Kunden anzusprechen. So bringen sich beide Anbieter in Erinnerung und halbieren ihre Kontaktkosten.

Cross-Selling kann auch das Bedürfnis Ihrer Kunden nach Abwechslung befriedigen.

Auf den Punkt gebracht

Kundenorientierung umfassend und ganzheitlich umsetzen

- Treffen Sie eine Grundsatzentscheidung: Wollen Sie Ihre Kunden über eine Produkt- oder Kostenführerschaft oder im Rahmen einer Kundenpartnerschaft binden? Wollen Sie neue Kunden gewinnen oder vorhandene binden?
- Ermitteln Sie in Ihrer Organisation die Schnittstellen zum Kunden, an denen Ihre Kundenorientierung zu wünschen übrig lässt.
- Verankern Sie das Ziel der Kundenorientierung bei Ihren Mitarbeitern: Alle müssen am selben Strang ziehen.
- Konzentrieren Sie sich auf Ihre wirklich wichtigen Kunden, indem Sie diese nach Kaufhöhe und Kauffrequenz in A-, B- und C-Kunden einteilen und so Ihren Kundenbindungsaufwand ganz gezielt einsetzen.
- Pflegen Sie vor allem Ihre Stammkunden: Stammkunden erwirtschaften den größten Umsatz bei im Vergleich zur Neukundenakquise fünfmal geringeren Kommunikationskosten.
- Servicequalität und Qualitätssicherung helfen Kunden zu binden. Nutzen Sie die einzelnen Qualitätswerkzeuge.
- Segmentieren Sie Ihren Markt und treffen so die Wünsche Ihrer Kunden. Passen Sie Ihr Verhalten ständig den veränderten Marktbedingungen und Kundenwünschen an.
- Ermitteln Sie Ihre ganz spezielle USP (Unique Selling Proposition), um sich auf dem Markt einzigartig und für Ihre Kunden unentbehrlich zu machen.
- Nutzen Sie Wechselbarrieren zur Kundenbindung.
- Regeln Sie Reklamationen und Beanstandungen möglichst umgehend und werten Sie diese genau aus: Kritische Kunden sind kostenlose Unternehmensberater.
- Binden Sie Kunden durch Kooperationen und Cross-Selling.

5 Kundenbindung hautnah: Umsetzung am Point of Sale

Holen Sie Ihren Kunden da ab, wo er steht!

Die Stunde der Wahrheit

Sichern Sie sich Marktnähe

Wo immer Sie auch sein mögen: Lernen Sie Ihren Markt und Ihre Konkurrenz hautnah kennen. Als Trainingsanbieter sollten Sie Trainings von Mitbewerbern besuchen. Als Verkäufer im Sportgeschäft sollten Sie auch im Skiurlaub mit Skifahrern über ihre Probleme und Wünsche reden. Je genauer Sie Ihren Markt kennen, desto schneller werden Sie von Ihren Kunden als gleichwertiger Gesprächspartner akzeptiert.

Mit den Augen der Kunden sehen

Gehen Sie bepackt mit Notizblock und Videokamera durch Ihr Unternehmen und sehen Sie mit den Augen Ihrer Kunden. Rufen Sie bei sich im Unternehmen an und hören mit den Ohren der Kunden. Es kann überraschend und oft auch ernüchternd sein festzustellen, wo überall Verbesserungsmöglichkeiten zu finden sind.

Testkäufe und Testanrufe

Durch Testkäufe oder Testanrufe können Sie sehr schnell feststellen, welche Erfahrungen Ihre Kunden machen. Testkäufe oder Testanrufe brauchen Sie im ersten Schritt oft nicht von Profis durchführen lassen, sondern es genügt, diese Informationen durch Bekannte oder Geschäftspartner erheben zu lassen. Überlegen Sie selbst, welche Aspekte getestet werden sollen.

Hier einige Möglichkeiten:

- Wie freundlich sind die Mitarbeiter?
- Werden Zusatzangebote gemacht?
- Wurde eine korrekte Auskunft gegeben?
- Waren die Geschäftsräume sauber?
- Wie ist der Umgang mit unbeholfenen Kunden?
- Wie reagieren Ihre Mitarbeiter auf ungewöhnliche Wünsche?

Achten Sie darauf, dass sich Ihr Kunde wohlfühlt

Kundenzufriedenheit führt zu Kundenbindung. Und zufrieden sind Kunden, wenn sie sich wohlfühlen. Überlegen Sie, welche „Unwohlfallen" in Ihrem Unternehmen lauern. Beobachten Sie alles aus Sicht des Kunden.

In manchen Unternehmen wird am Telefon der Anrufer in der Warteschleife mit einer Grabesstimme gebeten: „Please hold the line!" In anderen Unternehmen kann ohne Eingabe der Kundennummer erst gar nicht weiterverbunden werden. Eliminieren Sie solche Fallen!

„Unwohlfallen" im Business-to-Business-Bereich:

- Schwitzender oder stark riechender Mitarbeiter
- Billig-Kekse
- Zugluft oder stickige Luft im Besprechungsraum
- Stühle, auf denen Kunden schlecht sitzen
- Rasselnde Klimaanlage
- Verkäufer, die zu eng „auf die Pelle rücken"

„Unwohlfallen" im Einzelhandel:

- Flackerndes Neonlicht
- Zugluft
- Aufdringliche oder zu laute Musik
- Unsauberkeit
- Unangenehme Gerüche
- Tote Insekten im Schaufenster

Achten Sie darauf, welche Verbesserungsmöglichkeiten Sie finden.

- Hören: unangenehme oder laute Musik, Verkäufer, die sich über das letzte Wochenende unterhalten, oder lieber dezente Hintergrundmusik und Ruhe?
- Sehen: flackerndes Neonlicht, Unsauberkeit oder lieber spezielle Leuchtmittel, die Produkte erst richtig zur Geltung bringen?
- Fühlen: Zugluft oder lieber ein angenehm temperierter Verkaufsraum?
- Riechen: aufdringliche und unangenehme Gerüche oder lieber Gerüche, bei denen sich der Kunde wohlfühlt?
- Schmecken: Billigkekse oder wohl schmeckendes Gebäck?

Thomas Schmidt läuft durch die Fußgängerzone. Plötzlich nimmt er Kaffeeduft wahr. Ein Blick auf die Uhr, und sein Entschluss steht fest: Zeit für einen Kaffee. Dass der Kaffeeduft nicht etwa zufällig aus dem Bistro strömt, sondern ganz gezielt in Richtung des Besucherstroms geblasen wird, kann er nicht wissen. Nicht nur das ganze Bistro duftet angenehm, auch die dezente Hintergrundmusik sagt ihm sehr zu. Und dann noch das freundliche Lächeln der Bedienung, die Sauberkeit an den Tischen. Er fühlt sich einfach wohl. Und wird wiederkommen.

Sorgen Sie für kundenfreundliche Geschäftsräume

Ziel ist es, Ladenlokale und Geschäftsräume so zu gestalten, dass die Kunden gerne wiederkommen möchten. Dies kann sich auf die Einrichtung, die Lage, die Beleuchtung, die vorhandenen Produkte und natürlich auch auf die Freundlichkeit der Mitarbeiter beziehen.

Ladenlokal

Sechzig Prozent aller Kaufentscheidungen werden erst am Point of Sale getroffen, sind also Spontankäufe. Erleichtern

Sie Ihrem Kunden diese Entscheidung, indem Sie ihn unaufdringlich, aber gezielt an die Hand nehmen und durch Ihre Verkaufsräume führen.

Wie können Sie Ladenräume kundenfreundlich gestalten?
- Achten Sie auf die Atmosphäre. Angemessene Klimatisierung, dezente Hintergrundmusik, blendfreie Beleuchtung und Übersichtlichkeit sind die Grundvoraussetzungen für einen angenehmen Einkauf.
- Achten Sie auf Sauberkeit. Herumliegende Verpackungen, Kehrricht in der Ecke oder tote Insekten in der Auslage schrecken ab. Meist sind wir betriebsblind.
- Sorgen Sie dafür, dass im Ladenraum Ordnung herrscht. Kunden möchten nicht erst lange suchen, sondern schnell finden. Geben Sie Orientierungshilfen durch Deckenhänger, Schilder und eine übersichtliche Anordnung der Präsentationsmöbel.
- Präsentieren Sie wichtige Artikel nach Möglichkeit in Augenhöhe und so, dass sie berührt werden können. Kunden wollen Waren buchstäblich „be-greifen".
- Die Kassen sollten je nach Kundenfrequenz besetzt sein, um Wartezeiten zu minimieren. In Stoßzeiten kann es sinnvoll sein, für Kunden mit nur wenigen Artikeln Expresskassen einzurichten.
- Achten Sie auf Öffnungszeiten, die den Kundenerwartungen entgegenkommen.

Besprechungsräume
In Besprechungs- und Büroräumen wird mit dem Kunden verhandelt, werden Präsentationen durchgeführt.

Wie können Sie Besprechungszimmer kundenfreundlich gestalten?
- Setzen Sie den Kunden nicht mit dem Rücken zur Tür; so fühlt er sich entspannt und muss nicht damit rechnen, dass ihm jemand in den Rücken fällt.

- Führen Sie Gespräche nach Möglichkeit mit geschlossener Tür (auch wenn in Ihrem Unternehmen möglicherweise die „Politik der offenen Türen" herrscht).
- Achten Sie darauf, dass die Stühle die richtige Höhe haben und der Kunde bequem sitzt.
- Bieten Sie in jedem Fall Getränke und Gebäck an.
- Legen Sie Stifte, Papier und Informationsmaterial bereit.

Showroom

Im Showroom (Ausstellungsraum) findet der Kunde Muster, mit denen er sich ein Bild vom späteren Produkt machen kann. Im Gegensatz zum Ladenlokal kann hier das Produkt meist nicht direkt mitgenommen werden, sondern erst in Auftrag gegeben werden.

Wie können Sie einen Showroom kundenfreundlich gestalten?

- Sorgen Sie dafür, dass die Produkte leicht zugänglich sind und Anfassen und Ausprobieren möglich ist.
- Achten Sie darauf, dass ein Kunde jederzeit einen Berater oder Verkäufer ansprechen kann (keine Beraternischen).

Tun Sie Gutes und reden Sie darüber

Sicher bieten Sie eine ganze Menge an Serviceleistungen an. Achten Sie darauf, diese Leistungen auch entsprechend hervorzuheben. Denn Ihr Kunde soll nicht nur mit Ihrem Unternehmen zufrieden sein, er soll sich auch darüber bewusst sein, dass er zufrieden ist.

Herr Windmüller ist im Supermarkt einkaufen. Ein großes Schild an der Kasse verkündet: „Hier können Sie auch mit Ihrer CashCard zahlen!" Herr Windmüller ist zufrieden. „Die machen ja doch einiges für ihre Kunden", denkt er und erinnert sich nicht an die Einkaufszentren und Läden nebenan, die genau dasselbe anbieten, jedoch nicht werblich nutzen.

Befragen Sie Ihre Kunden

Kunden können Ihnen viele Tipps und Hilfen geben. Befragen Sie doch einfach Ihre Kunden allgemein nach ihrer Bewertung Ihres Unternehmens oder speziell anlässlich der Durchführung eines Auftrags nach ihrer Zufriedenheit.
Befragungen lassen sich mündlich vor Ort oder in Form von Fragebögen durchführen. Befragungen vor Ort bieten den Vorteil, dass der Kunde hier eingebunden werden kann, sodass seine Bereitschaft, Fragen zu beantworten, höher ist als bei Fragebögen, die er andernorts ausfüllen muss.
Achten Sie jedoch darauf, dass Sie auch kritische Fragen stellen. Viele Unternehmen möchten durch eine Kundenbefragung lediglich die eigene Meinung bestätigt wissen.

> Versuchen Sie nicht, eine Kundenbefragung zu machen, um nur positive Rückmeldungen zu erhalten. Seien Sie auch für negative Rückmeldungen bereit.

Kundenbefragungen sollten folgenden Anforderungen genügen:

- Die Fragen müssen sach- und zielbezogen sein: Klären Sie vorab ganz genau, was Sie wissen möchten, und entwickeln Sie dann Fragen, die geeignet sind, dies herauszufinden.
- Die Befragung sollte kurz gehalten werden: Nicht mehr als zehn Fragen.
- Erfragen Sie keine Meinungen, sondern formulieren Sie konkrete, sachliche Fragen, deren Antworten überprüfbar und messbar sind. Eine wenig konkrete Frage wäre beispielsweise: *Kümmert sich unser Unternehmen um Sie?* Besser, weil überprüfbar, wäre: *Bewerten Sie die Pünktlichkeit unserer Servicemitarbeiter auf einer Skala von 1 bis 5.*
- Achten Sie darauf, dass der Fragebogen vergleichbar ist. Ergebnisse aus früheren Befragungen sollten verglichen werden können. Nur so lässt sich eine Entwicklung feststellen.

Auf den Punkt gebracht

Kundenorientierung
bewahrheitet sich vor Ort

- Gehen Sie mit den Augen der Kunden durch Ihr Unternehmen.
- Versuchen Sie über Testkäufe und Testanrufe herauszufinden, welche Erfahrungen Ihre Kunden mit Ihrem Unternehmen machen.
- Achten Sie darauf, dass sich Ihr Kunde wohlfühlt.
- Sorgen Sie für kundenfreundliche Geschäftsräume.
- Führen Sie eine Kundenbefragung durch.

Literaturverzeichnis

- Bruhn, Manfred / Homburg, Christian (Hrsg.): Handbuch Kundenbindungsmanagement. Wiesbaden ^{8}2013

- Bruhn, Manfred: Kundenorientierung. Bausteine eines exzellenten Unternehmens. München ^{4}2011

- Gordon, Josh: Die Macht des Kunden – und wie Sie ihn trotzdem kriegen. Wiesbaden 2001

- Kenzelmann, Peter: Strategien und Methoden zur Kundenbindung. Berlin 2011

- Kenzelmann, Peter: Neukundengewinnung durch Empfehlungsmarketing. Norderstedt 2007

- Nagel, Kurt: Kundenorientierung praxisnah. Ein Wegweiser für Unternehmer. Stuttgart 1995

- Peter, Sibylle Isabelle: Kundenbindung als Marketingziel. Wiesbaden ^{2}1999

- Scheler, Uwe: Erfolgsfaktor Networking. München 2005

- Tominaga, Minoru: Die kundenfeindliche Gesellschaft. Erfolgsstrategien für Dienstleister. München 1998

- Wiersema, Fred (Hrsg.): Nur der Service zählt: wie die besten US-Unternehmen ihre Kunden begeistern, Landsberg 1999

- Wißmann, Volker H. (Hrsg.): Erfolgreiche Kundenbindung im Dienstleistungsbereich. Baden-Baden ^{2}2007

- Zintel, Arno E.: Das ABC der Kundenbindung: Kostengünstige Methoden für die Praxis. Würzburg 2000

Stichwortverzeichnis

Beziehungsmana-
  gement 65
Beziehungsmarketing 9

Corporate Design 40
Cross-Selling 116

Dankeschön 57
Direkt-Mailing 41 f.

Empfehlungsfrage 58
Erwartungslücke 33

Face-to-Face-Kommu-
  nikation 51 ff.

Geschäftsraum, kun-
  denfreundlicher 120 ff.

Indifferenzfalle 34
Information,
  kaufbestätigende 78
Internetauftritt 45 f.

Käufermarkt 9
Kaufgründe 70 f.
Kaufphasen 15 ff.
Kaufreue 78 f.
Kleidung 60
Kommunikations-
  instrument 27
Körpersprache 60 f.
Kostenführerschaft 85 f.
Kundenkarte 114
Kundenbearbeitung 36
Kundenbedürfnis 71
Kundenbefragung 123
Kundenbeirat 62
Kundenberatung 36
Kundenbetreuung 36
Kundenbeziehung 36
Kundenbindung

Aspekte 23 f.;
  Definition 20;
  Dimensionen 21 f.;
  emotionale 25;
  ökonomische 25;
  technisch-
    funktionale 26;
  vertragliche 26
Kundenbindungs-
  instrumente 26
Kundendatei 103
Kundenerwartung
  übertreffen 73 ff.
Kundengespräch 53 ff.
Kundenloyalität 28 f.
Kundenname 53
Kundennutzen 68 ff.
Kundenorientierung
  10 f.;
  Schwachstellen 90 ff.
Kundenpartnerschaft 86
Kundenpriorisierung
  96 f.
Kundentypologie 72
Kunden-Wissens-
  management 93
Kundenzufriedenheit
  30 f.

Marktorientierung
  10, 109 f.
Marktsegmentierung
  108 f.
Mehrwertprogramm
  102
Meinungsbildner 64
Minilob 57
Mitarbeiterbefragung 94

Nachkaufphase 17
Networking 65

Neukunden-
  gewinnung 87 f.
Newsletter 47 f.

Öffentlichkeitsarbeit 62

Pareto-Prinzip 96
Personalisierung 42 f.
Problemlösung 68 ff.
Produktführerschaft 86

Qualitätssicherung
  106 f.

Rabattheftchen 114
Reaktanzfalle 79 f.
Reklamation 115 ff.

Servicenummer 51
Servicequalität 104 ff.
Smalltalk 55 f.
Sonderwunsch 75
Stammkunden-
  pflege 98 ff.

Telefon 48 ff.
Testanruf 118
Testkauf 118

Unique Selling Proposi-
  tion (USP) 69, 111 f.

Vanity-Nummer 51
Variety Seeking 80 f.
Verkäufermarkt 9
Visitenkarte 59
Vorkaufphase 16

Wechselbarriere 112 f.
Wiederkaufphase 17

Zusatznutzen 46